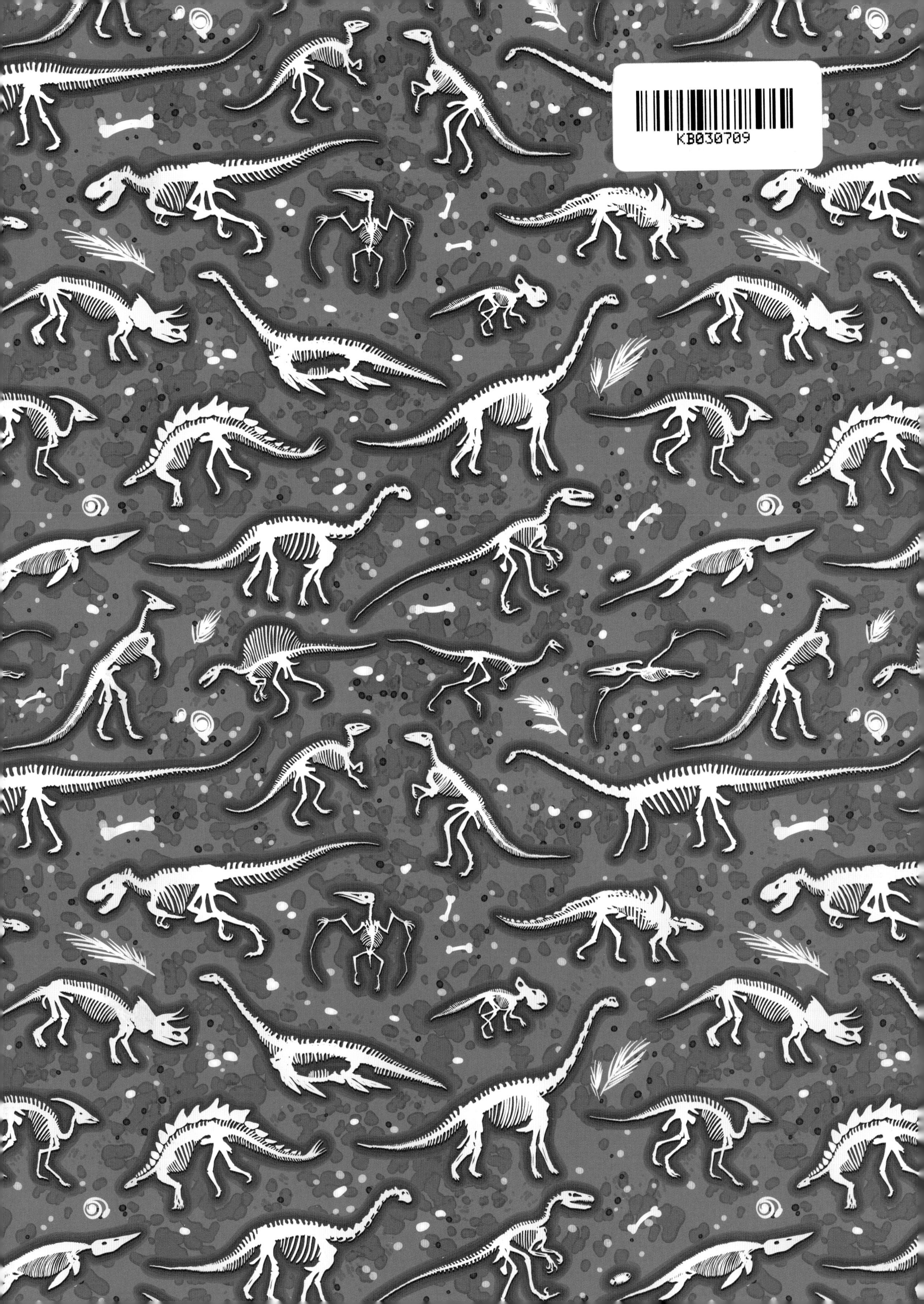

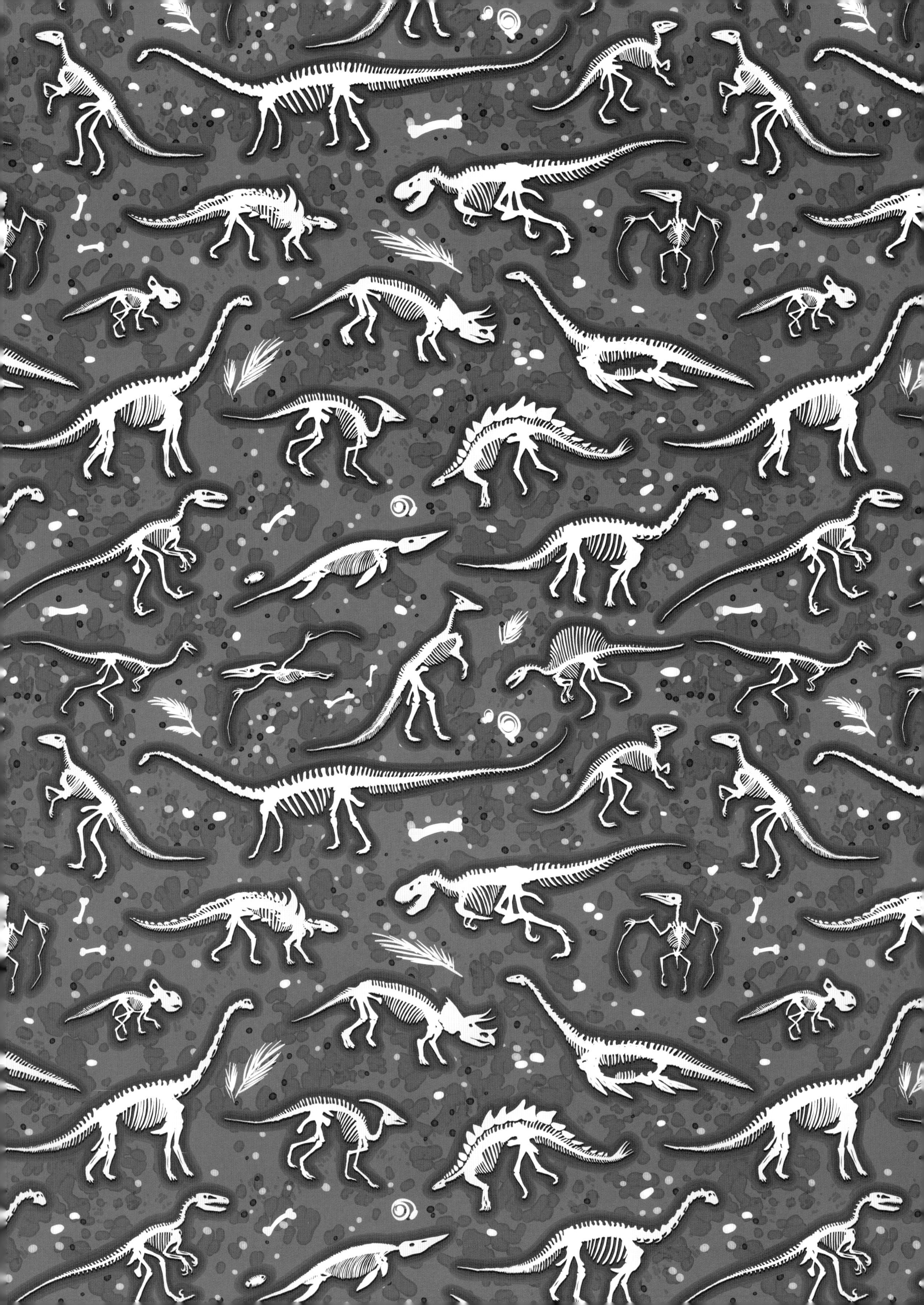

지구상의 가장 거대한 공룡 대발견!

트라이어스기 쥐라기 백악기
공룡대백과

최신 논문을 바탕으로 BBC와 내셔널지오그래픽 방영!

봄봄스쿨

목 차

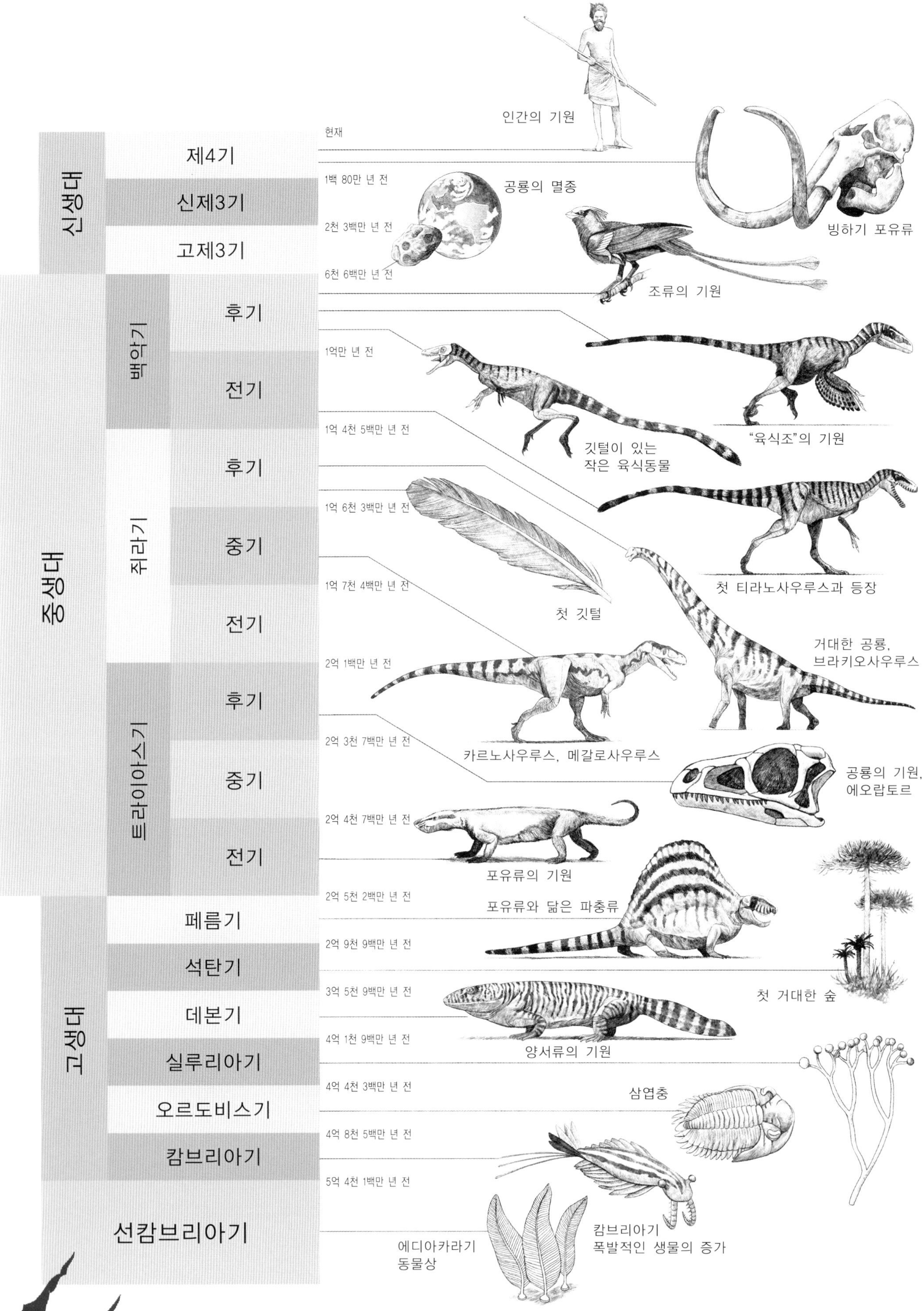
신생대
제4기
신제3기
고제3기
중생대
백악기
후기
전기
쥐라기
후기
중기
전기
트라이아스기
후기
중기
전기
고생대
페름기
석탄기
데본기
실루리아기
오르도비스기
캄브리아기
선캄브리아기
현재
1백 80만 년 전
2천 3백만 년 전
6천 6백만 년 전
1억만 년 전
1억 4천 5백만 년 전
1억 6천 3백만 년 전
1억 7천 4백만 년 전
2억 1백만 년 전
2억 3천 7백만 년 전
2억 4천 7백만 년 전
2억 5천 2백만 년 전
2억 9천 9백만 년 전
3억 5천 9백만 년 전
4억 1천 9백만 년 전
4억 4천 3백만 년 전
4억 8천 5백만 년 전
5억 4천 1백만 년 전
인간의 기원
빙하기 포유류
공룡의 멸종
조류의 기원
"육식조"의 기원
깃털이 있는
작은 육식동물
첫 티라노사우루스과 등장
첫 깃털
거대한 공룡,
브라키오사우루스
카르노사우루스, 메갈로사우루스
공룡의 기원,
에오랍토르
포유류의 기원
포유류와 닮은 파충류
첫 거대한 숲
양서류의 기원
삼엽충
캄브리아기
폭발적인 생물의 증가
에디아카라기
동물상

들어가는 말

공룡은 오랜 기간 동안 지구를 정복해왔습니다. 트라이아스기의 원시 파충류에서 진화하기 시작한 공룡은 2억 5천만 년 전부터 2억 1천만 년 전까지의 지질 연대기를 거치며 살았습니다. 쥐라기 시대와 그 이후 백악기 끝까지 지구의 지배자로 살아왔어요. 인간들에 의해 공룡이 약 1억 5천만 년이라는 긴 시간을 살아왔다는 놀라운 사실이 밝혀졌고, 여러 증거들은 곳곳에서 나타났습니다. 그런데 그렇게 진화하고, 변화하고, 더 거대해지고, 많아지던 공룡들이 어느 날 갑자기, 사라졌어요.

6천5백만 년 전, 어떤 극적인 사건이 일어났고, 공룡의 시대는 '끝'이 나게 되었습니다. 멸종한 이유가 무엇이었을까요? 과학자들은 초당 30킬로미터의 속도로 지구에 날아온 거대한 천체와의 충돌 때문이었을 것으로 추측하고 있습니다.

엄청난 충격이 가해졌고, 반경 몇 백 킬로미터의 모든 것들을 무너뜨려 버렸던 것이지요. 그 후로 파편과 먼지로 뒤덮인 지구에는 어둡고 추운 시기가 찾아왔습니다. 먼저 거대한 초식 공룡들이, 그다음에는 육식 공룡들이 차례로 죽기 시작했어요. 시간이 흐른 후, 지구상에는 더 이상 공룡이 존재하지 않게 되었습니다.

인간들은 발견되는 증거들을 연구하면서 공룡의 존재를 알아가게 되었어요. 1822년 영국에서 우연히 발견된 몇 개의 뼛조각과 이빨 화석이 먼 과거로 가는 길을 열어주었답니다. 그 이후로 '공룡 연구'는 지금까지 활발하게 진행되고 있습니다.

대부분의 사람들은 이 거대한 생명체를 작가들이 만들어낸 소설 속의 주인공처럼 느꼈습니다. '포악한 도마뱀', 1841년 영국의 고생물학자인 리차드 오웬이 이름을 붙이기 시작한 마치 신화 속의 괴물과도 같은 공룡의 존재는 결국 '사실'이 되었습니다. 적어도 지금까지 밝혀진 여러 공룡들의 존재는 많은 발견과 연구를 거쳐 실존한 생물로 기록되고 있어요.

박물관에서 실제 크기를 그대로 구현해 놓은 티라노사우루스의 거대한 뼈 앞에 서면, 등에 땀이 쭉 흐르는 느낌이 들기도 합니다. 날카롭고 커다란 발톱과 이빨로 공격하고, 먹이를 물어뜯는 모습을 상상하면 오싹해 지지요. 영화 속에서 만들어낸 공룡들의 이야기가 모두 상상이고 허구라고 생각하나요? 아니에요.

여러분은 얼마나 많은 공룡에 대해 알고 있나요? 그동안 800여 종의 공룡들이 확인되었지만, 아직도 '시작'에 불과하다고 해요. 믿을 수 없을 만큼 잦고 많은 '발견'이 아직도 일어나고 있어요. 어떤 공룡들의 크기는 토끼와 같고, 또 어떤 공룡들은 45미터나 돼요. 정말 놀랍고 신기하지 않나요?

육지에서 살았던 공룡들과 물속에서 살았던 공룡들, 하늘을 날아다닌 공룡들은 지구의 곳곳에 자리를 잡고 살아왔어요. 계속되는 발견과 연구 덕분에, 우리는 점점 더 많은 공룡들에 대해 알 수 있게 되었습니다. 어떻게 이동하고, 어떻게 사냥을 했는지, 새끼들을 낳고 보호하는 방법은 어땠는지도 알게 되었어요. 서식지를 어떻게 공유하며 살아왔는지도 알아냈지요. 수수께끼와 같은 공룡 시대라는 퍼즐을 고생물학자들이 한 조각 한 조각 찾아내고 맞추며 계속 새로운 모습을 만들어가고 있습니다.

이제 공룡 시대로 한 번 떠나볼까요?

육식 공룡

치명적인 포식자들

가장 많이 알려진 포식자는 티라노사우루스 렉스입니다. 견인차만큼 큰 몸집과 칼처럼 길고 날카로운 이빨을 가진 무시무시한 공룡이지요. 거대한 입은 80° 만큼이나 벌어졌어요. 작은 키의 사람은 한 입에 삼켜버릴 수 있는 크기였지요. 심지어 알로사우루스의 입은 95° 까지 벌어졌으니, 공포의 대상이고 두려운 존재가 아닐 수 없었답니다.

하지만 티라노사우루스가 가장 크고 무서운 공룡이라고 생각하면 안돼요. 스피노사우루스는 길이가 15미터나 되는 거대한 공룡이었습니다. 물속을 누비며 악어와 비슷한 이빨로 큰 물고기도 잡아먹었어요. 수각아목에 속하며 같은 조상을 가진 비슷한 공룡이고 공통점이 많았지만 포식자들이 모두 거대한 것은 아니었습니다.

가장 작은 육식공룡인 미크로랍토르는 다 자라도 80센티미터 밖에 되지 않았고, 몸무게는 1킬로그램밖에 되지 않았답니다. 육식공룡이 그저 거대하고 신비롭고 이상한, 화려하지 않은 색의 동물이라고만 생각해왔다면, 최근 고생물학자들이 밝혀낸 사실이 더 놀랍게 들릴 것입니다. 우리가 흔히 알던 모습과 완전히 다른 모습이라고 밝혔거든요. 어떤 새로운 화석들은 예전부터 알려진 모습과 일치하지 않았습니다.

데이노니쿠스의 뼈가 처음 발견되었을 때, 학자들은 등에 달린 날카로운 발톱과 같은 것에 주의를 기울이기 시작했고, 그것으로 먹이를 공격하고 잡았을 것이라 생각했습니다.

데이노니쿠스는 무시무시한 무기로 공격하면서 동시에 재빠르게 움직일 수 있었습니다. 그 동안 알아온 공룡들의 신체적 특성인 '느린 냉혈 도마뱀' 과는 다른 특징이지요. 데이노니쿠스는 다른 도마뱀이나 이구아나처럼 햇빛을 받아 체온을 올려 움직임을 빠르게 만들 필요도 없었어요. 대신 끊임없이 변하는 체온을 유지할 수 있었습니다. 그래서 기온과 기후의 영향을 받지 않는, 자유롭고 무자비한 사냥꾼이 될 수 있었어요.

놀라운 사실은 이게 다가 아니에요. 가장 대단한 발견은 바로 많은 육식 공룡들에게 깃털이 있었다는 것입니다. 거의 매 년마다 새로운 깃털 화석이 발견되고 있어요.
최근에는 특히 중국에서 많이 발견되고 있습니다. 가장 최근 발견된 유티란누스는 무게가 1400킬로그램이나 나가며 사냥을 멈추지 않는 위험한 포식자였습니다.

깃털이 있으니, 날 수도 있었을까요? 거의 확실하게 말하는데, '아닙니다.'
공룡들은 깃털을 더 위협적으로 보이기 위한 수단이나 암컷의 시선을 끌어 유혹하는 용도로 사용했어요. 콜로라도에서 발견된 바위에 찍힌 아크로칸토사우루스의 발자국을 보며 학자들은 수컷이 암컷을 유인하려고 춤을 추기도 했을 것이라고 했어요.
대부분의 공룡들이 6천5백만 년 전에 사라졌지만, 코엘루로사우루스류에 속하는 몇몇 공룡들은 새로 진화했을지도 모른다고 합니다.

지금 숲속에서 지저귀고 있는 그 새들로 말이에요. 치킨을 먹을 때 한 번 생각해 보세요.
조상이 공룡인 닭을 먹고 있는 것일지도 몰라요!

케라토사우루스

뿔과 골판이 있어 용처럼 보이기도 해요. 현재까지 완전한 뼈가 다 발견되지는 않았어요. 하지만 미국에서 발견된 주요 뼈 조각들로 고생물학자들은 케라토사우루스의 '얼굴'을 만들어낼 수 있었습니다. 두개골에는 기이하게 튀어나온 부분이 있었고, 코에 커다란 뿔 하나, 이마에 두 개의 뿔이 있었어요.
그래서 '뿔이 있는 도마뱀'이라는 뜻의 이름이 붙여졌답니다.

■ 서식지
북미, 유럽, 아프리카

■ 주요 화석 발견지역
유타, 콜로라도(미국), 포르투갈, 탄자니아

■ 생존 시대
1억 5천6백만 년~1억 4천5백만 년 전

학명: *Ceratosaurus*
크기: 길이 6m, 높이 2m
무게: 900kg
계: 동물계(Animalia)
문: 척삭동물문
목: 용반목(Saurischia)
과: 케라토사우루스과

전문가 들은 오랫동안 이 돌출된 부분에 대해 궁금해 했어요. 어떤 전문가들에 의하면, 같은 종끼리의 싸움이나 다른 거대한 포식자들에 대항하기 위한 무기로 사용했을 것이라고 해요. 또 다른 전문가들은 짝짓기를 위해 암컷을 유혹하는 용도로 사용했을 것이라고 합니다.

이런 이유로, 코의 뿔은 밝은 색이었을 것이라고 추정됩니다. 길고 유연한 꼬리 덕분에 케라토사우루스는 악어처럼 수영을 잘 할 수 있었고, 물속과 육지에서 사냥이 가능했을 거예요. 하지만 케라토사우루스는 같은 시대의 알로사우루스와 같이 거대하고 포악한 공룡들의 먹잇감이 되기도 했습니다.

케라토사우루스의 작은 코 뿔에 대한 또 다른 가설은 바로 알을 깨어 새끼의 부화를 도왔을 것이라는 거예요. 태어난 새끼들은 빠르게 성장하여 수영을 배우고 바로 둥지를 떠나 사냥을 했어요.

알로사우루스

이런 장면을 상상해 보세요. 아파토사우루스가 도망을 가고 알로사우루스가 뒤를 쫓고 있어요. 막 잡으려는 순간 갑자기… 끝나버린 장면! 아파토사우루스는 잡히고, 먹혔을까요? 아무도 모를 일입니다. 왜냐하면 증거로 남은 것이 발자국뿐이니까요. 실제로 텍사스에서 발견된 화석에는 두 공룡의 발자국이 같이 찍혀 있었답니다.

- 서식지
  북미, 포르투갈
- 주요 화석 발견지역
  와이오밍, 콜로라도(미국)
- 생존 시대
  1억 5천5백만 년~1억 4천5백만 년 전

알로사우루스의 명성은 대단합니다. 무시무시한 사냥꾼이지요. 추측해보자면, 아파토사우루스는 아마도 잡혔을 겁니다. 알로사우루스는 쥐라기 후기 북미에서 가장 흔했던 육식공룡 중 하나예요. 거의 완전한 두 개의 뼈가 발굴되어 그 모습을 충분히 예상할 수 있었습니다.

LLOSAURUS

학명: *Allosaurus*
크기: 길이 12m, 높이 4m
무게: 2t

계: 동물계(Animalia)
문: 척삭동물문
목: 용반목(Saurischia)
과: 알로사우루스과

하나는 '빅알'로 알려진 것으로, 길이 8미터 정도의 어린 알로사우루스였습니다. 지금은 와이오밍 대학 지질 박물관에 전시되어 있어요. 뼈에는 적어도 14개의 흉터가 남아 있습니다. 오른쪽 발은 감염된 흔적도 남아 있어요.

어느 정도 살아있었겠지만, 곧 뛸 수가 없었을 테고 다른 알로사우루스들처럼 사냥을 할 수도 없었을 것으로 생각됩니다. 지치고 배가 고팠던 어린 알로사우루스는 그 상태로 쓰러졌을 거예요.

알로사우루스는 종종 거대한 초식공룡을 사냥하기도 했어요. 고생물학자들은 이에 대한 증거를 찾기 위해 필사적으로 노력했습니다. 그리고 한 알로사우루스의 척추 뼈와 꼬리에서 스테고사우루스의 꼬리에 찍힌 듯한 상처 자국을 발견했어요. 스테고사우루스의 목뼈를 발견했을 때엔, 알로사우루스의 이빨과 일치하는 자국을 발견했지요.

유티란누스

유티란누스는 최근에 발견되어 알려진 공룡으로 존재했던 '깃털을 가진' 공룡들 중 가장 거대한 공룡입니다. 티라노사우루스 렉스와 아주 유사한 사촌 격 공룡이에요. 그만큼 크지는 않았지만, 9미터는 버스와 같은 길이니 아주 거대한 공룡이었지요.

멋있어 보이는 모습과 이름(중국어와 라틴어를 합한 단어로, '아름다운 깃털을 가진 폭군'이란 뜻의 이름이에요)에 속지 마세요. 아주 빠르고 무시무시한 두 발의 포식자였으니까요. 깃털이 있었지만, 날지는 못했어요. 깃털은 섬유 깃털로, 큰 새의 거친 깃털보다는 닭의 깃털에 가까운 것이었답니다.

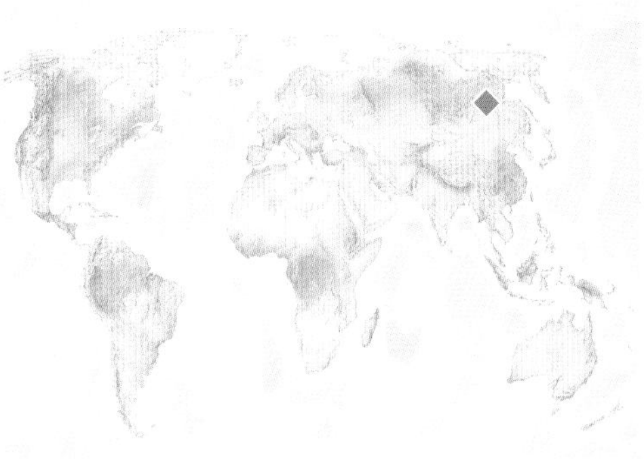

- 서식지
  중국
- 주요 화석 발견지역
  요녕성(중국 북동부)
- 생존 시대
  1억 2천5백만 년 전

깃털은 유티란누스의 체온 유지를 위해 발달된 것으로 추정됩니다. 백악기 초기의 기후는 추운 편이었어요. 과학자들이 계산해 본 평균 온도는 10도 정도였지요. 깃털이 몸을 따뜻하게 해 주었을 거예요. 또 깃털이 있어 주변 환경에 섞여 적이나 먹잇감이 잘 볼 수 없게 몸을 숨길 수 있었습니다. 또한, 짝짓기 기간에 암컷을 유혹하는 용도로도 쓸 수 있었을 거예요.

TYRANNUS

학명: *Yutyrannus*
크기: 길이 9m, 높이 3m
무게: 1400kg
계: 동물계(Animalia)
문: 척삭동물문
목: 용반목(Saurischia)
과: 프로케라토사우루스과

유티란누스처럼 깃털이 있는 큰 공룡을 발견하게 되면서 과학자들은 또 하나의 질문을 던지게 됩니다. 티라노사우루스에게도 깃털이 있었을까? 그것이 가능한 이야기인가? 어떤 과학자들은 어린 티라노사우루스에게는 체온 유지를 위한 깃털이 태어났을 때부터 있었을 것이고, 자라면서 사라졌을 것이라 했어요. 티라노사우루스와 닮은 유티란누스의 발견으로, 또 한 번 논란이 생기게 된 것이지요. 거대하고 포악한 티라노사우루스에게 깃털이 있었을 것이라는 주장이 결코 '아니라고' 단정할 수 없게 되었답니다.

데이노니쿠스

데이노니쿠스의 이름은 '무서운 발톱'이라는 뜻이에요. 1964년 데이노니쿠스의 화석을 발견한 두 명의 고생물학자들이 붙여준 이름이랍니다. 미국 몬태나 발굴 캠페인 당시 두 명의 학자들은 바위에 껴 있는 거대한 발톱을 발견하게 되었어요. 그들은 발굴을 시작했고, 얼마 후 그동안 보지 못했던 새로운 공룡을 만나게 되었지요. 그것이 바로 작지만 확실히 육식공룡이며, 두 발로 다녔고 튼튼한 꼬리로 균형을 유지했던 데이노니쿠스였습니다.

- 서식지
  북미
- 주요 화석 발견지역
  몬태나, 와이오밍, 오클라호마(미국)
- 생존 시대
  1억 1천8백만 년~1억 1천만 년 전

뒷발 두 번째 발가락에 있는 발톱은 아주 치명적인 무기였습니다. 가늘고 날카로웠으며, 뛰어올라 먹잇감 위에 올라타 큰 상처를 입혔지요. 이빨 역시 강력한 무기였어요. 악어만큼이나 강한, 70개가 넘는 이빨로 먹잇감을 아주 강력하게 물었어요. 심지어 데이노니쿠스는 아주 빠르고 민첩했으며, 힘이 넘치는 공룡이었습니다. 「공룡은 냉혈 동물이었을까, 온혈 동물이었을까?」 고생물학자들은 또 한 번 질문을 던집니다. 그들이 파충류라면 (공룡의 뜻이 '무서운 도마뱀'이거든요) 냉혈 동물임이 분명했습니다. 다시 말해, 체온이 외부 환경의 영향을 받는다는 뜻이지요.

INONYCHUS

학명: *Deinonychus*
크기: 길이 2~4m, 높이 1.5m
무게: 45~75kg
계: 동물계(Animalia)
문: 척삭동물문
목: 용반목(Saurischia)
과: 드로마이오사우루스과

그런 파충류는 느리고 다리가 짧은 것이 특징입니다. 또 햇빛을 받아 몸을 따뜻하게 해야 움직일 수 있었어요. 하지만 데이노니쿠스는 속도를 조절할 수 있었고 사냥을 할 때 시속 50킬로미터의 속도로 빠르게 움직일 수 있었지요. 특징으로만 보면 포유류나 조류, 즉 온혈 동물과 더 가까웠어요. 이에 대한 논란은 아직까지도 계속되고 있어요. 최근의 과학자들은 작은 공룡들이 거의 온혈동물이라고 말하고 있습니다.

기가노토사우루스

기가노토사우루스는 티라노사우루스보다 더 거대한 공룡이었어요. 오랜 기간 동안 가장 큰 공룡이라고 여겨졌을 만 했지요. 지금은 스피노사우루스에게 그 자리를 내어 주었답니다. 튼튼한 뒷발로 이동을 했고 꼬리로 균형을 유지하며 먹이를 찾아 다녔어요. 기가노토사우루스라는 이름의 뜻은 '거대한 남쪽 도마뱀' 이랍니다.

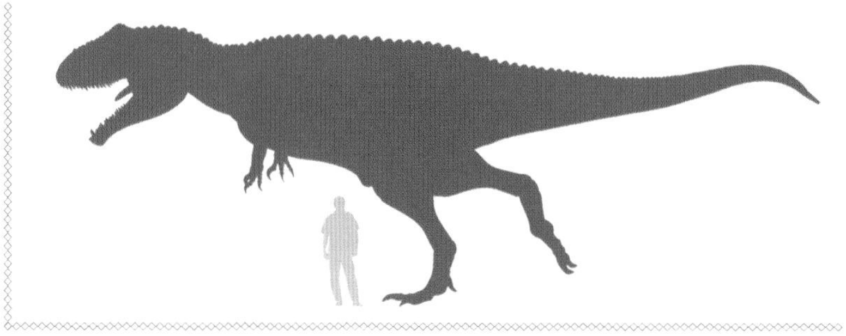

학명: *Giganotosaurus*
크기: 길이 14m, 높이 7m
무게: 8t
계: 동물계(Animalia)
문: 척삭동물문
목: 용반목(Saurischia)
과: 카르카로돈토사우루스과

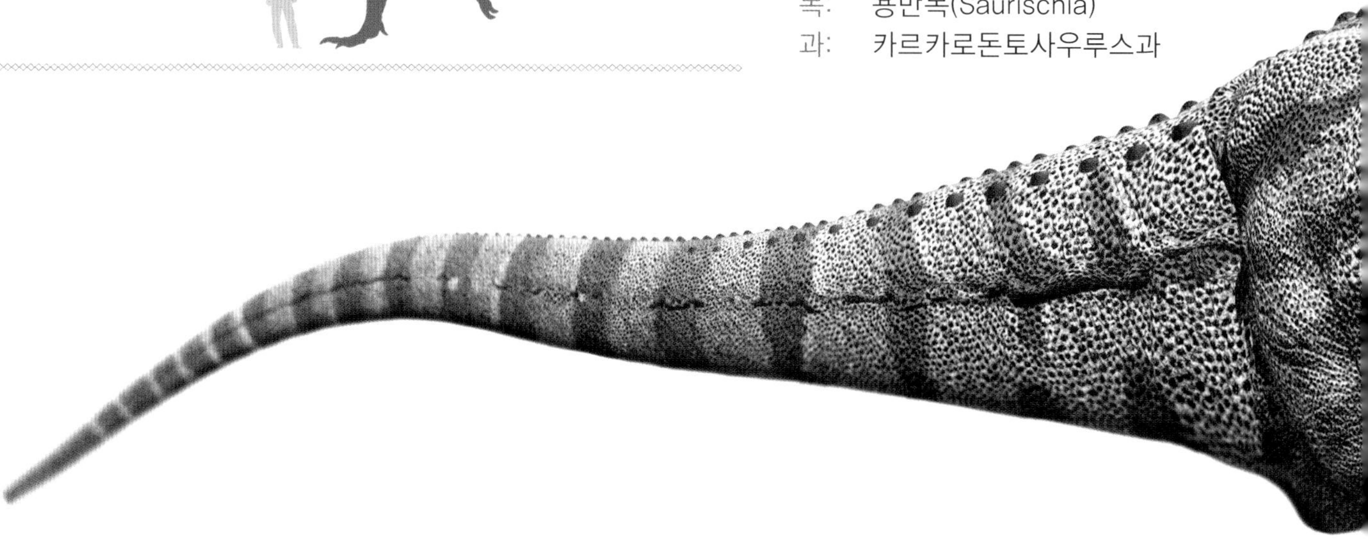

하지만 전문가들의 말에 따르면, 앞뒤가 맞지 않는 부분이 있다고 해요. 몸집이 거대하고, 어른의 키와 맞먹는 크기의 머리를 가지고 있었는데도 불구하고 티라노사우루스보다 무는 힘이 약했거든요. 빠르게 먹잇감을 물 수 없었던 구조였던 거예요. 그래서 거대한 '청소부'였을 것이라는 주장이 있어요.

그들이 썩어가는 고기를 찾아 먹고, 하이에나처럼 무리를 지어 사냥을 했다는 것이지요. 또 다른 사실은 그다지 똑똑한 공룡이 아니었다는 것입니다. 머리는 아주 컸지만, 뇌는 작았거든요. 뇌의 크기는 겨우 오이 하나의 크기였다고 하니, 얼마나 작았을지 상상이 되나요?

ANOTOSAURUS

■ 서식지
남미

■ 주요 화석 발견지역
파타고니아(아르헨티나)

■ 생존 시대
9천7백만 년 전

이 공룡에 대해서 알게 된 것은
아르헨티나인인 루벤 카롤리니 덕분이었습니다.
1993년 7월 25일, 기술공이었던 그는 파타코니아의 마을
근처 네우켄에서 화석을 찾던 중, 거의 완벽한 상태의 공룡
뼈를 발견했어요. 학자들이 발견된 종에 대한 과학적 이름을
붙일 때, 잊지 않고 '기가노토사우루스 카롤리니' 라고 다시
부르게 된 것도 이 때문이었답니다.

스피노사우루스

스피노사우루스는 지구상에 발견된 육식 공룡 중 가장 거대한 육식 공룡이었어요. 입의 길이는 1미터나 되고, 뿔 모양의 날카로운 이빨이 악어처럼 나 있었답니다. 길이는 적어도 15미터였고, 무게는 트럭 18대를 합한 무게보다 더 많이 나갔어요.

- 서식지
  북 아프리카
- 주요 화석 발견지역
  이집트, 모로코
- 생존 시대
  9천5백만 년 전

학명: *Spinosaurus*
크기: 길이 15m, 높이 5m
무게: 7t
계: 동물계(Animalia)
문: 척삭동물문
목: 용반목(Saurischia)
과: 스피노사우루스과

거대한 크기를 자랑하는 스피노사우루스에게는 아주 특별한 특징이 있었습니다. 물속에서도 생활한 유일한 공룡이었다는 것입니다. 9천5백만 년 전, 북아프리카의 강을 헤엄쳐 다니며 큰 물고기를 긴 입과 날카로운 이빨로 잡아먹었어요. 앞발에 달린 큰 발톱으로 먹잇감을 잡고 뒷발로는 헤엄을 쳤어요.

가시가 돋아있는 커다란 등의 돛은 그 높이가 2미터나 되었습니다. 돛은 암컷을 유혹하거나 다른 공룡들에게 더 위협적으로 보이는 역할을 했어요.

두 개의 가장 중요한 스피노사우루스 뼈는 1910~1914년 언스트 프라이헤르 스트로머에 의해 발견되었습니다. 지금은 독일의 뮌헨 박물관에 전시되어 있어요. 세계 2차 대전 중 박물관이 공격을 받았고, 화석도 피해를 입었습니다. 이후 또 다른 화석이 발견되었고 (가장 중요한 화석은 밀라노의 자연사 박물관에 보관되어 있어요) 이를 통해 과학자들은 스피노사우루스의 모습과 특징을 알아낼 수 있었습니다.

벨로키랍토르

고생물학자들이 두 개의 화석을 발견한 순간, 그들은 눈을 의심했습니다. 선사 시대의 한 장면을 바로 앞에서 보는 것과 다름없었기 때문이지요. 그것은 서로 맞물린 벨로키랍토르와 프로토케라톱스의 뼈였습니다. 아마도 싸우던 중에 죽게 되었나봅니다.
벨로키랍토르는 프로토케라톱스의 머리를 꽉 물고 있었고, 뒷발의 날카로운 발톱으로 몸을 쥐고 있었어요.

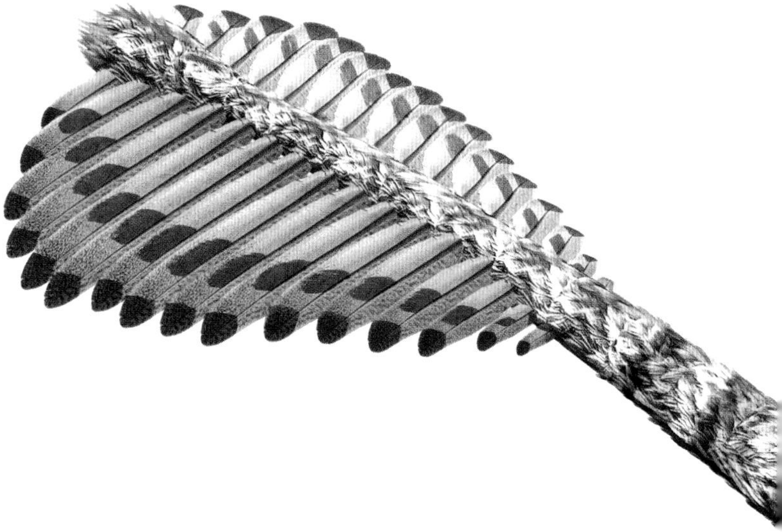

- 서식지
  몽골
- 주요 화석 발견지역
  고비 사막(몽골)
- 생존 시대
  8천5백만년～7천1백만년 전

학명: *Velociraptor*
크기: 길이 2m, 높이 50cm
무게: 15kg
계: 동물계(Animalia)
문: 척삭동물문
목: 용반목(Saurischia)
과: 드로마이오사우루스과

하지만, 싸우는 도중에 예기치 못했던 상황이 생겼습니다. 프로토케라톱스를 꽉 쥔 벨로키랍토르는 발톱을 빼지 못한 채로 물 또는 늪 속으로 빠지게 된 것이지요. 그래서 둘 다 가라앉게 되었고, 화석이 되어 버렸죠. 아주 대단한 발견이었어요.

그러나 최근에는 공룡들이 갑작스러운 모래 사태로 인해 뒤덮여 버렸을 것이라는 연구가 있습니다. 어떤 일이 벌어졌든, 이렇게 그 당시의 모습을 간직한 채로 8천만년이나 묻혀 있던 화석들은 여전히 고비 사막 곳곳에 있을 것입니다. '싸우던 공룡들'의 화석이 가장 유명하고 중요한 화석들이라는 것은 분명한 사실입니다.

벨로키랍토르

벨로키랍토르라는 이름은 '날쌘 도둑' 또는 '날쌘 사냥꾼'이라는 뜻이랍니다. 이 공룡은 시속 60킬로미터의 속도로 뛸 수 있었어요. 작은 무리를 이루어 자신의 몸집보다 큰 공룡을 함께 사냥했습니다. 늑대처럼 말이죠.

영화나 다큐멘터리에 나타났던 벨로키랍토르는 깃털이 없어요. 하지만 2007년 몽골에서 발굴된 뼈에 깃털이 붙어 있었던 흔적이 있었습니다. 연구원들은 벨로키랍토르의 꼬리와 앞다리에 깃털이 있었다고 결론지었어요. 날 수 있었던 것은 아니었지만, 깃털은 달리는 데에 도움을 주었을 것이고 암컷을 유혹하는 용도로 쓰였을 거예요

손목 뼈 덕분에 벨로키랍토르는 손을 이용해 무엇이든 잡을 수
있었어요. 먹잇감을 더 효과적으로 잡을 수 있었던 것이지요.
유연한 손목은 뛰어 오르는 데에도 중요한 역할을 했습니다.
그래서 많은 학자들이 벨로키랍토르를 새의 조상 격인
공룡 중 하나라고 여긴답니다.

VELOCIRAPTOR

트로오돈

1985년 발견된 화석으로 인해, 고생물학자들은 트로오돈이 아주 특별한 공룡이라는 것을 알게 되었습니다. 거의 2미터 길이의 몸에 마주 보는 발톱이 달린 다리가 있었는데, 먹잇감을 잡기에 아주 잘 발달된 것이었지요. 커다란 눈으로 밤에도 잘 사냥할 수 있었습니다. 그 중에서도 가장 인상적인 부분은 바로 두개골이었어요. 그 시대의 다른 공룡들보다 세 배나 더 큰 뇌를 가지고 있었거든요.

- 서식지
  북미
- 주요 화석 발견지역
  몬태나(미국), 알버타(캐나다)
- 생존 시대
  7천6백만 년~7천만 년 전

학명: *Troodon*
크기: 길이 2m, 높이 1.5m
무게: 40~50kg

계: 동물계(Animalia)
문: 척삭동물문
목: 용반목(Saurischia)
과: 트로오돈과

만약에 공룡이
멸종되지 않았더라면,
트로오돈은 아마도 계속 변화하고
적응하며 진화를 했을 거예요.
아주 똑똑한 공룡이었으니까요.

TROODON

오타와에 위치한 캐나다 자연 박물관 소속 고생물학자인 데일 러셀은 트로오돈이 살아있다면 어떤 일이 벌어질 것인지에 대해 연구했어요. 그에 따르면, 트로오돈은 거의 인간의 지능과 비슷한 수준의 생물로 진화할 수 있었을 것으로 예상됩니다. 온혈 동물이자 직립 자세를 가진, 두 발로 걷고 몸이 비늘로 덮인 모습이었을 거라고 해요.

시간이 흐르면서 파충류의 꼬리는 사라졌을 겁니다. 삼킨 음식을 역류시켜 새끼에게 먹이며 돌보았을 거예요. 그리고 아마도 그랬다면, 인간은 존재하지 않았을지도 모릅니다.

트로오돈은 20개가 넘는 화석이 발견되었기 때문에 그 모습을 가장 잘 알아낼 수 있는 공룡 중 하나입니다. 심지어 미국의 몬태나에서는 트로오돈의 길쭉한 알 화석이 발견되었어요. 가장 놀라운 것은 그 속에 새끼 트로오돈이 완전히 보존되어 있었다는 거예요. 그래서 그 모습을 거의 완전하게 알 수 있었답니다.

오비랍토르

오랜 기간 동안 이 공룡은 도둑으로 묘사되었습니다. 약 100년 전, 고생물학자들이 몇 개의 알 옆에 있는 화석을 발견하면서 생긴 안 좋은 명성이었지요. 오비랍토르라는 이름은 '알 도둑'이라는 뜻이거든요. 하지만, 이 가설은 사실과 달랐습니다. 1993년 오비랍토르는 그 누명을 벗을 수 있었습니다. 도둑이 아니었을 뿐 아니라, 모성애가 강한 엄마였던 것이었지요. 몽골의 고비 사막에서 발견된 8천만 년 전의 화석은 모래 폭풍으로 인해 죽은 오비랍토르의 모습이 그대로 남아있었습니다. 둥지와 알 위에 앉아 보호하는 모습이었지요.

- 서식지
  몽골
- 주요 화석 발견지역
  고비 사막(몽골)
- 생존 시대
  7천5백만 년 전

학명: *Oviraptor*
크기: 길이 2.5m, 높이 1m
무게: 25~30kg
계: 동물계(Animalia)
문: 척삭동물문
목: 용반목(Saurischia)
과: 오비랍토르과

OVIRAPTOR

발견된 뼈를 토대로 만들어본 오비랍토르의 몽타주는 우리가 알고 있는 큰 타조와 비슷한 모양새였습니다. 사람과 비슷한 키로 빠르게 달릴 수 있는 두 발을 가지고 있었어요. 머리 위에는 화식조류와 비슷한 볏이 있었습니다. 이빨 대신에 부리를 가지고 있었고, 날카로운 발톱과 같은 역할을 했어요. 갑각류의 껍질을 까는 용으로 사용되었거나, 작은 도마뱀을 사냥하기 위해 썼을 거예요. 3개의 손가락을 이용해 잡은 후 8센티미터 정도의 아주 날카로운 흰 손톱으로 꽉 쥐고 놓치지 않았습니다.

오비랍토르는 새와 가장 많이 닮은 공룡 중 하나입니다. 이빨이 없고 날카로운 부리가 있었고, 백악기 후기의 다른 작은 육식 공룡들처럼 몸은 깃털로 덮여 있었어요. 깃털은 날기 위한 것은 아니었지만, 몸을 따뜻하게 해 주었어요. 꼬리 깃털은 암컷을 유혹할 때 사용했어요. 꿩이나 공작새처럼 말이죠.

티라노사우루스 렉스

- 서식지
  북미
- 주요 화석 발견지역
  사우스다코타(미국)
- 생존 시대
  6천7백만 년~6천5백만 년 전, 백악기 후기

학명: *Tyrannosaurus*
크기: 길이 12m, 높이 5m
무게: 7t
계: 동물계(Animalia)
문: 척삭동물문
목: 용반목(Saurischia)
과: 티라노사우루스과

티라노사우루스 렉스는 가장 유명한 공룡이에요. 영화에서도 나오는 스타 공룡이랍니다. '쥐라기 공원'이나 '박물관이 살아있다', '토이 스토리' 등의 영화에서 중요한 역할을 맡은 데에는 이유가 있어요. 왜 그렇게 유명하냐고요? 아주 특별한 포식자로, 가장 큰 육식 공룡들 중 하나이자 강력한 폭군이었거든요. 전문가들은 오랫동안 티라노사우루스 렉스가(이름의 뜻은 '난폭한 도마뱀 왕'이에요) 어떻게 먹이를 잡아먹었는지에 대해 논쟁을 했답니다.

먹잇감을 쫓아가며 몸을 내던지는 사냥꾼이었을까요, 아니면 너무 느려 시체만 찾아 먹는 '청소부'였을까요? 썩어가는 고기를 먹는 것이 비웃을 일은 아니에요. 많은 포식자들이 그렇게 먹이를 구하니까요. 하지만 2013년 미국 캔자스 대학의 연구원들이 하드로사우루스(오리 주둥이와 비슷한 부리를 가진 거대한 초식 공룡)의 척추 뼈에서 티라노사우루스의 이빨을 발견했어요.

뼈를 분석하면서, 그 초식공룡이 공격을 받고도 살아있었던 것으로 추정되었습니다. 티라노사우루스가 살아있는 공룡을 공격하는 사냥꾼임이 분명해진 것이지요. 한 발자국에서 그 다음 발자국의 거리를 재 본 결과, 한 걸음이 4미터 정도였어요. 그런 거대하고 무거운 몸으로 먹잇감을 오랫동안 쫓아다닐 수는 없었겠지만 매복했다가 치명적인 공격을 가해 먹이를 잡았을 거예요.

티라노사우루스 렉스

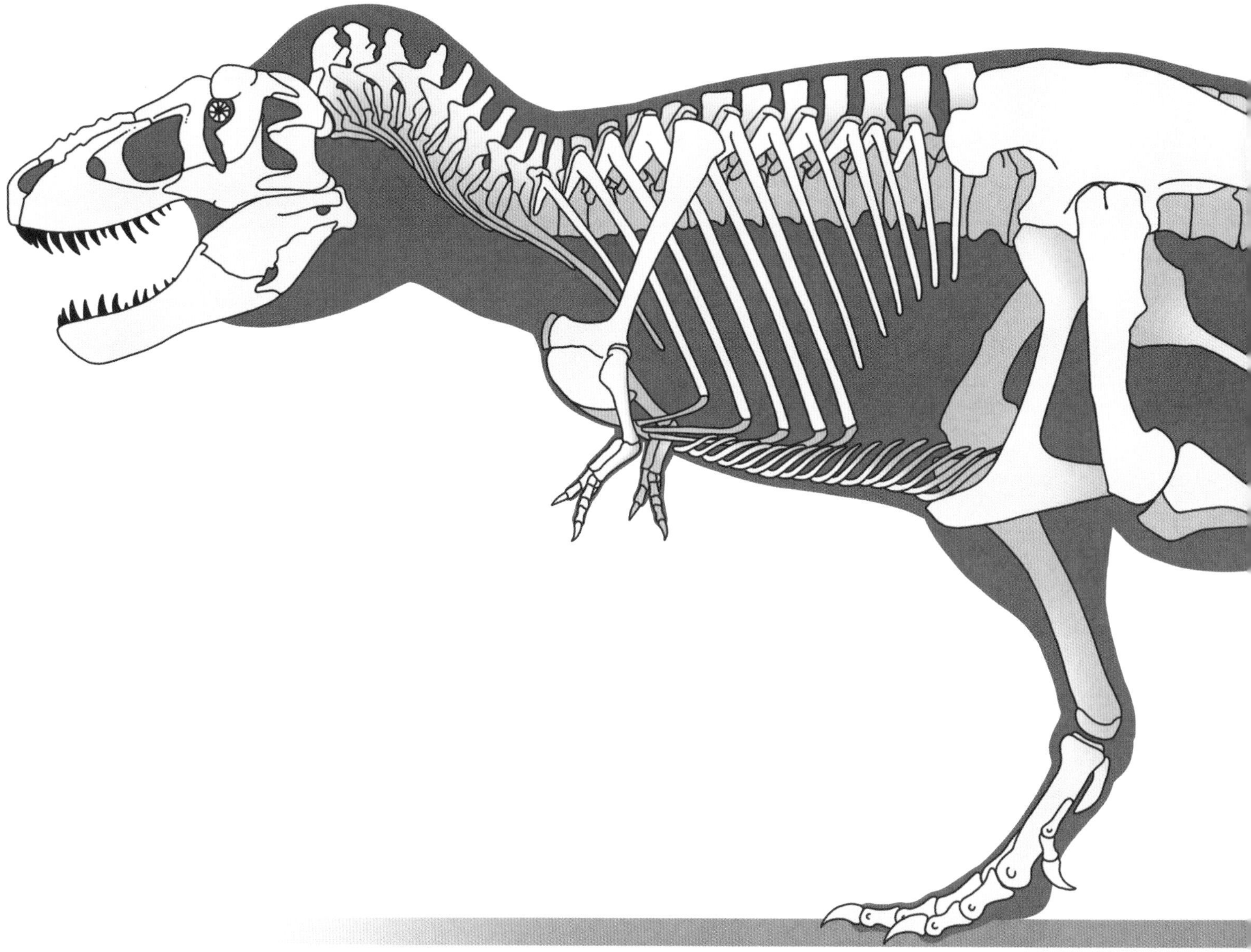

주로 초식 공룡을 잡아먹었고, 한 번에 200킬로그램의 덩어리를 삼킬 수 있었어요. 무는 힘은 너무나도 강력해서 이빨이 먹잇감의 뼈까지 관통하며 부셔버렸답니다. 튼튼한 다리와 강한 꼬리로 균형을 유지하고 거대한 머리를 지탱할 수 있었어요. 머리의 길이는 1.5미터나 된답니다. 하지만 무엇보다도 공포스러운 것은 바로 티라노사우루스 렉스의 입이에요. 거의 직각에 가깝게 벌어지는 입 안에는 18센티미터 길이의 이빨이 50개나 나 있었습니다. 이 치명적인 무기로 먹잇감을 물고, 뜯고, 산산조각 내 버렸어요.

가장 크고 완전하면서(거의 90퍼센트인) 잘 보존된 티라노사우루스 렉스의 뼈는 수 핸드릭슨에 의해 발견되었습니다. 그래서 수라는 이름을 붙여주게 되었어요. 아마추어 고생물학자였던 수는 1990년 사우스다코타에서 이 화석을 발견했습니다.

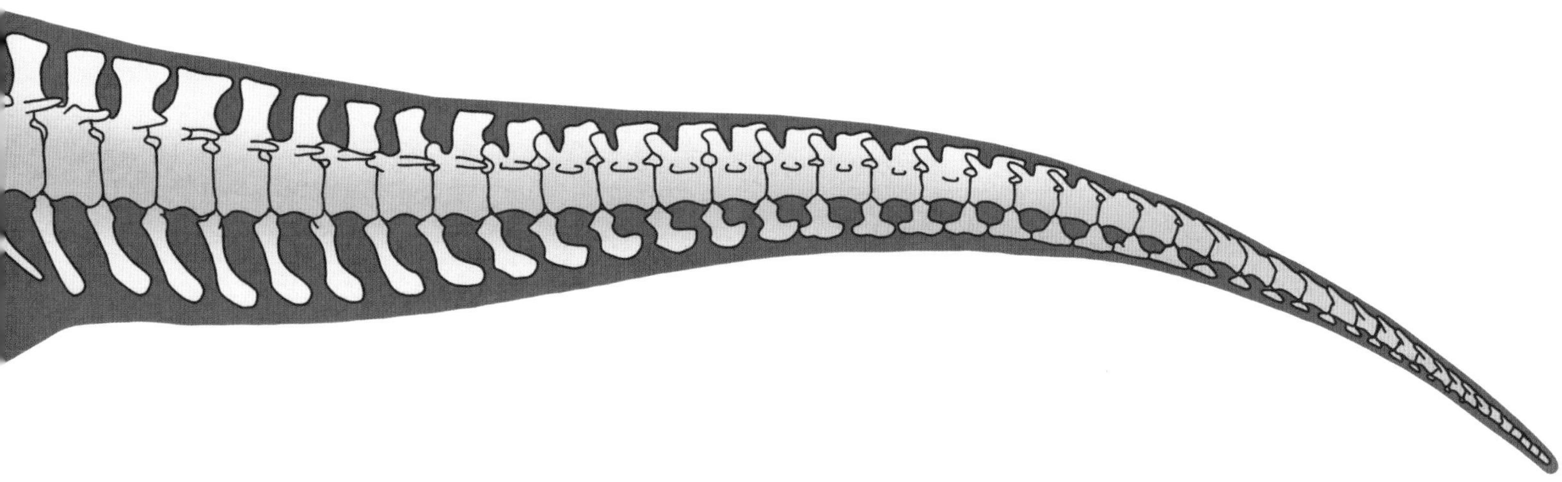

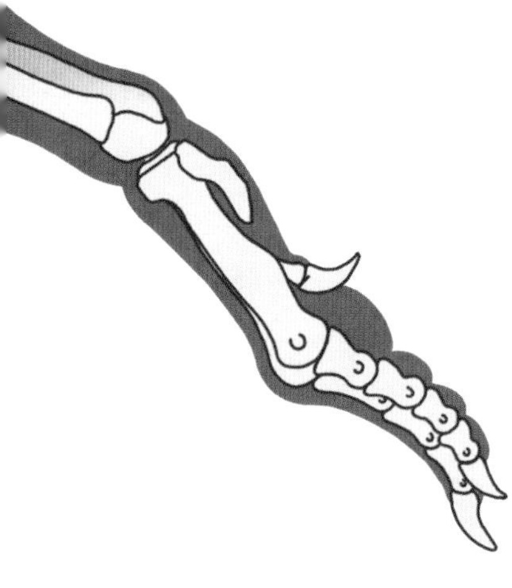

그것은 12미터 길이에 3미터 높이의 화석이었어요. 250개가 넘는 뼈 조각과 이빨들을 맞추고 복원하는 데에 3만 시간이 소요되었습니다. 분석한 결과, 이 티라노사우루스 렉스는 28살 정도에 죽은 것으로 추정되었습니다. 놀랄만한 나이였지요. 지금은 시카고의 필드 박물관에 전시되어 있고, 발견자인 '수'에게는 7백만 유로라는 엄청난 상금이 주어졌습니다.

RANNOSAURUS

초식 공룡

지구상의 가장 큰 공룡들

가장 유명한 공룡은 티라노사우루스 렉스와 같은 거대하고 무시무시한 육식공룡이지만, 초식 공룡들 중에서도 '유명인사'가 있답니다. 큰 골판과 꼬리에 날카로운 가시뼈가 있는 스테고사우루스는 공격적인 포식자에게 치명적인 상처를 입힐 수 있었어요. 뿔과 단단한 뼈를 가진 트리케라톱스는 살아있는 선사시대의 탱크였습니다. 아우라노사우루스는 등에 돛이 있어 적을 겁먹게 만들었고, 암컷을 유혹하기도 했어요.
또 마이아사우라는 사려 깊고 따뜻한 엄마로 알려져 있지요.

용각류의 가장 거대한 크기로 경쟁할만한 공룡들도 있었습니다. 5층 빌딩 높이의 크기와 코끼리 10마리를 합한 무게를 자랑했어요.

지구상 가장 인상적이고 거대한 동물들이었답니다. 몇몇은 정말로 인기가 많은 '스타'가 되었어요. 디플로도쿠스는 기다란 목과 6미터의 크기, 16톤의 무게였고, 브론토사우루스(또는 아파토사우루스로 더 알려진) 역시 엄청난 크기였답니다.

이 거대한 초식 공룡들(사실 이 정의는 정확하지 않아요. '채식 공룡'이 더 맞는 말이랍니다. 그 당시에는 풀이 없었거든요. 풀은 4천만 년 전, 즉 공룡들이 멸종한 후에 지구상에 존재했어요.)은 학자들에게 아직도 다 맞추지 못한 퍼즐입니다. 이를 테면, 그 엄청나게 거대한 몸을 어떻게 움직일 수 있었을까, 하는 물음이 아직도 수수께끼처럼 남아있어요. 활동이 쉽지는 않았을 거예요. 왜 이런 크기의 동물들이 오랫동안 양서류로 분류되어 왔는지도 설명할 수 있는 이유입니다. 수분으로 인한 힘이 무게와 균형을 어떻게든 이루어야 했기 때문이지요. 실제로는 그렇지 않았다는 것을 알 수 있지만 말이에요.

모두 육지에 살았고 무리를 지어 먹이를 찾아 다녔습니다. 화석과 발자국이 그 증거가 되어 주었어요. 아마 대부분이 만족할만한 식사를 하지 못했을 겁니다. 코끼리가 하루에 50킬로그램의 풀을 먹어야 한다면, 이 거대한 초식 공룡들에게는 1톤도 부족했을 거예요. 하지만 이 '크기'에 몇 가지 장점이 있습니다. 첫 번째 장점은 바로 천적이 없었다는 것. 가장 공격적인 육식 공룡들도 함부로 덤비지 못했어요. 거대한 몸과 튼튼한 뼈를 가진 어른 초식 공룡을 공격하는 것은 쉬운 일이 아니니까요. 갓 태어난 작고 어린 공룡들이나 아파서 쓰러진 공룡들만이 육식 공룡의 표적이 되었습니다.

어떤 초식 공룡들에게는 놀라운 기록이 있습니다. 아르젠티노사우루스는 길이가 30미터로 지구상에 존재했던 공룡 중 가장 큰 공룡이었습니다. 모든 동물 중에서는 두 번째(첫 번째는 흰 긴 수염 고래로, 길이가 33미터, 무게가 180톤이랍니다)로 큰 동물이지요. 수 백 만년 동안 살아온 공룡들은 살아남기 위해 다양한 방법을 찾을 수 있었습니다. 초식 공룡들은 특히 생존에 탁월한 능력을 가지고 있었어요. 물론 멸종 위기를 끝내 이겨내지는 못했지만 말이에요.

플라테오사우루스

- 서식지
  유럽
- 주요 화석 발견지역
  독일, 스위스
- 생존 시대
  2억 1천4백만년～2억 만년 전

학명: *Plateosaurus*
크기: 길이 9m, 높이 4m
무게: 4t
계: 동물계(Animalia)
문: 척삭동물문
목: 용반목(Saurischia)
과: 플라테오사우루스과

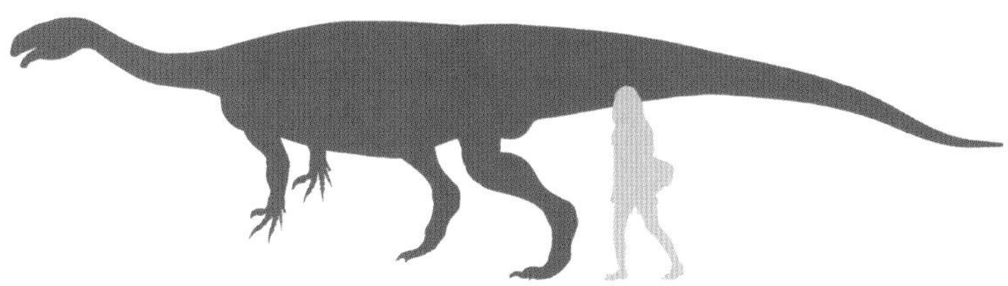

플라테오사우루스는 아주 오래 전에 살았던 공룡으로 오로지 식물만을 먹는 초식공룡의 시초와 다름없는 공룡이었습니다. 모습에 대해 알 수 있는 자료는 충분했어요. 100개가 넘는 뼈와 화석이 발견되었고, 대부분이 완전한 상태였거든요. 주로 뒷다리로 이동했다는 것도 쉽게 알 수 있었답니다.

TEOSAURUS

튼튼한 뒷다리와 가늘고 긴 목 덕분에, 이 공룡은 나무의 가장 높은 곳까지 닿을 수 있었습니다. 발견된 대부분의 뼈의 나이를 통해 평균 12~20년 정도 살았다는 것도 알 수 있었어요. 가장 나이가 많은 공룡은 27살이었답니다. 특이한 점은 플라테오사우루스의 크기가 매우 다양했다는 것입니다. 어떤 것은 '난쟁이'라고 불리기도 했어요. 몇몇의 어른 공룡은 길이가 4미터를 넘지 않았고, 또 어떤 것은 9미터나 됐습니다. 아마도 먹는 양의 차이(서식지의 식물 분포도) 때문일 것으로 추정되고 있어요. 작은 크기의 공룡들은 식물의 양이 제한적이었어도 생존할 수 있었을 거예요.

플라테오사우루스의 뼈를 복원해보니,
네 다리를 가진 것으로 보였어요.
하지만 독일 고생물학자인 하인리히 말리손의
최근 연구에 따르면 여기에 오류가 있다고 해요.
실제로는 앞다리가 손과 같은 역할을 했고,
손바닥이 안으로 마주보고 있었다고 합니다.
위치와 모양을 토대로 살펴본 결과 앞다리는
땅을 짚고 걷는 용도로 이용하지 못했을 것이라고
해요.
그래서 두 다리로 이동한 공룡임이 확실해 졌답니다.

스테고사우루스

공룡들마다 다른 모습과 크기를 가지고 있지만, 스테고사우루스는 특히 가장 정교한 구조를 가진 공룡이었어요. 스테고사우루스의 특별한 모습은 많은 골판으로 인해 더욱 돋보입니다. 어떤 골판은 1미터나 되는 크기였어요. 평행하게 나 있는 골판들은 머리 쪽에서 꼬리까지 펼쳐져 있었습니다. 골판의 역할에 대해서는 아직까지도 고생물학자들이 풀어야 할 수수께끼로 남아있어요. 많은 가설이 있는데, 아마 포식자로부터 스스로를 보호하기 위해서나 짝짓기를 위해 수컷들이 암컷을 유혹하기 위해 사용했을 것으로 추정됩니다. 하지만 여전히 어떤 학자들은 골판이 혈관으로 채워져 있어 체온 유지를 위한 것이었다고 주장하고 있어요.

- 서식지
  북미, 유럽, 아프리카, 중국
- 주요 화석 발견지역
  미국, 포르투갈
- 생존 시대
  1억 5천6백만～1억 5천만 년 전

학명: *Stegosaurus*
크기: 길이 9m, 높이 2m 이상
무게: 3t

계: 동물계(Animalia)
문: 척삭동물문
목: 조반목(Ornithischia)
과: 스테고사우루스과

EGOSAURUS

스테고사우루스의 꼬리는 아주 치명적인 무기였습니다. 끝부분에 가시(골침)가 있었고, 길이가 1미터나 되는 것이었어요. 똑똑하지 못하고 느린 공룡이었지만, 아주 강력한 육식 공룡에게도 치명적인 상처를 입힐 수 있었습니다. 대형 트레일러 트럭의 크기와 비슷한 이 거대한 공룡은 매일 수십 킬로그램에 달하는 식물을 먹어치워야 살 수 있었어요. 아직까지도 이런 초식 공룡들이 어떻게 그 많은 식물들을 먹을 수 있었는지에 대해서는 정확하게 밝혀지지 않았습니다.

당시에는 풀이 존재하지 않았기 때문에 다른 초식 동물들과 달리 스테고사우루스의 좁고 가늘며 긴 머리와 부리에는 튼튼한 이빨이 없었어요. 먹이를 잘게 부수어 먹을 수 없었지요. 그렇다면 이런 한계점이 여실히 드러남에도 불구하고, 어떻게 충분한 양의 식물을 먹을 수 있었을까요? 영국 대학의 최근 연구에 의하면 스테고사우루스의 무는 힘이 생각보다 훨씬 강력해서 부족한 부분을 채울 수 있었을 것이라고 합니다.

스테고사우루스

연구원들의 말에 따르면 이 공룡의 무는 힘은 현생의 양이나 소와 비슷했다고 합니다. 그래서 질긴 식물과 양치식물, 속새류의 식물까지 먹을 수 있었어요. 게다가, 꼬리로 몸을 지탱하며 뒷다리의 힘을 이용해 수직으로 설 수도 있었습니다.
그래서 높은 곳의 식물도 먹을 수 있었지요. 같은 서식지에 살고 있는 다른 초식공룡들과의 경쟁에서 이길 수 있었던 이유랍니다.

가장 완전한 형태의 스테고사우루스 화석은 영국 런던의 자연사 박물관에 전시되어 있습니다. 이것의 높이는 3미터이고, 길이는 6미터로 '소피'라는 별명을 가지고 있어요. 암컷이었는지 수컷이었는지 정확히 알 수는 없었지만 말이에요.

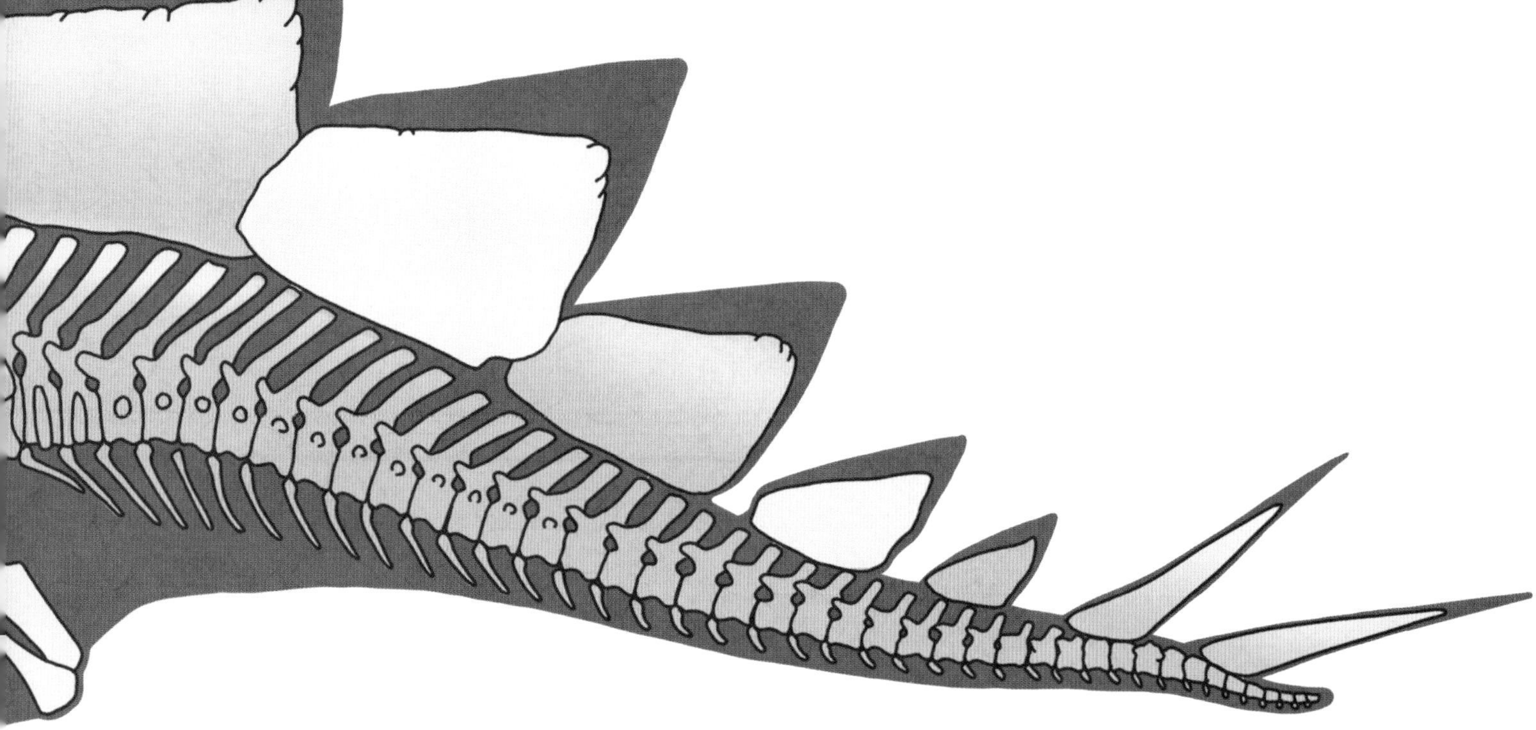

학자들에 의하면 발굴된 뼈는 90퍼센트 정도나 완전한 상태라고 합니다. 300개가 넘는 뼈와 19개의 등 골판이 2003년 미국 와이오밍에서 발견되었어요.
어린 공룡이었고 1억 5천만 년 전에 살았던 공룡이었지만, 아직 왜 죽었는지에 대한 증거는 찾지 못했다고 합니다.

STEGOSAURUS

브론토사우루스

- 서식지
  북미
- 주요 화석 발견지역
  코모 블러프 - 와이오밍(미국)
- 생존 시대
  1억 5천5백만 년～1억 4천5백만 년 전

학명: *Brontosaurus*
크기: 길이 22m, 높이 8m 이상
무게: 20t
계: 동물계(Animalia)
문: 척삭동물문
목: 용반목(Saurischia)
과: 디플로도쿠스과

브론토사우루스는 월트 디즈니의 애니메이션 영화 「판타지아」 덕분에 사람들에게 많이 알려진 공룡이랍니다. 20톤이나 되는 몸으로 느리게 움직이며, 서툴고 우둔한 공룡으로 묘사되었지요. 몸에 비해 뇌의 크기는 고양이의 뇌만큼이나 작은 크기였다고 해요. 근래에 고생물학자들은 이런 이미지를 다른 그림으로 바꾸어 놓았습니다. 아주 오랜 기간 동안 지구에 살아온 브론토사우루스는 서식지에 완벽하게 적응하고, 집단을 이루어 살았던 사회적 습성이 발달된 공룡이었던 것입니다. 동시에 그들은 이 공룡에 대한 큰 오해를 바로 잡았어요. 처음에는 양서류의 습성을 가진 것으로 추정되었지만, 오랜 연구 결과 물 속에 몸의 일부를 담그고 식물을 찾아 먹었다고 밝혀냈습니다. 지금의 하마처럼 말이에요.

NTOSAURUS

이 모든 오해들은 간단하지만 잘못된 생각 때문에 일어났어요. 브론토사우루스의 다리가 물의 부력 없이는 거대한 몸무게를 지탱하지 못한다고 생각했기 때문이지요. 이제는 그 다리가 몸을 완벽하게 지탱했을 뿐 아니라, 식물을 찾아 떠나는 긴 여정에도 끄덕하지 않았고, 필요시엔 빠른 걸음으로 걷는 것도 가능했다는 것을 알게 되었습니다. 뒷다리로 버티고 앞발을 들어 설 수도 있어 나무의 높은 곳에도 닿았을 것이라 추정됩니다.

브론토사우루스는 육지에 살면서 긴 목을 어깨 위로 땅과 평행하도록 뻗었습니다. 그리고 긴 채찍과 같은 꼬리로 균형을 유지했어요. 필요할 때엔 아주 특별한 방어 무기로 사용하기도 했답니다. 한 번의 타격으로 케라토사우루스나 알로사우루스처럼 큰 육식공룡도 물리칠 수 있었어요.

더 정확한 이름은 사실 브론토사우루스가 아니라 아파토사우루스랍니다. 처음에는 두 종류의 비슷한 공룡이 있었는데, 각각 다른 두 종으로 분류되었어요. 그래서 다른 이름이 붙여졌지요. 그 후 발굴된 뼈를 토대로 더 자세한 연구가 진행되고, 그 두 종류의 다른 공룡들이 한 공룡의 두 가지 형태였다는 것이 밝혀졌어요. 아파토사우루스가 브론토사우루스의 어린 표본이었던 것이었지요. 아파토사우루스가 먼저 발견되었으므로, 아파토사우루스라고 하는 것이 더 정확하게 이 종을 정의한다고 볼 수 있다고 여기고 있습니다.

디플로도쿠스

- 서식지
  서북 아메리카
- 주요 화석 발견지역
  콜로라도, 와이오밍, 몬태나, 유타(미국)
- 생존 시대
  1억 4천5백만 년 전

학명: *Diplodocus*
크기: 길이 30m, 높이 6m
무게: 16t
계: 동물계(Animalia)
문: 척삭동물문
목: 용반목(Saurischia)
과: 디플로도쿠스과

디플로도쿠스는 지구에 살았던 공룡 중 가장 거대한 공룡 중 하나입니다. 큰 집단을 이루어 먹이를 찾아 계절마다 이동하며 지냈습니다. 발견된 발자국 화석은 이런 가설을 뒷받침해 주는 증거예요. 발자국을 통해 움직임의 속도를 알 수도 있는데, 이 거대한 공룡은 아주 느려서 하루에 40킬로미터 이상 걷지 않았고, 필요할 때에만 아주 짧게 움직이는 빠른 속도 역시 시속 20킬로미터에 불과했습니다.

사실 이 공룡이 딱히 빠르게 움직일 이유가 없었던 것은 어마어마한 크기 때문이기도 했어요. 누군가의 먹이가 되기에는 너무 거대했거든요. 몸집의 크기 때문에 어른 디플로도쿠스에게는 천적이 없었답니다. 알로사우루스와 같은 포식자들이 먹잇감으로 노린 것은 그저 갓 태어나거나 아주 어린 디플로도쿠스뿐이었어요.

DIPLODOCUS

디플로도쿠스가 방어 전략으로 사용했을 것이라고 추정했었던 것은 바로 긴 꼬리였습니다. 다른 용각류 꼬리보다 두 배 이상 길었거든요. 필요시에는 꼬리를 휘둘러 적을 물리쳤을 것이라 생각했었는데, 최근 고생물학자들이 디플로도쿠스의 꼬리는 다른 공룡을 공격하기에 적합하지 않았을 것이라고 했어요. 꼬리로 내리치면 골절이 일어났을 것이기 때문이지요.

2004년 미국 지질학 협회의 학자들은 팀을 이루어 컴퓨터로 이 공룡의 모습을 복원하고 모의실험을 해 보았습니다. 그리고 디플로도쿠스 (이 외에도 비슷한 종류의 거대한 공룡들)와 같은 공룡이 꼬리를 힘껏 내리치면 엄청난 소리와 함께 꼬리뼈가 부러졌을 것이라고 추정했어요. 직접적인 공격이 아니었더라도 꼬리는 포식자들이 접근하지 못할 만한 위협적인 모습이었을 거예요.

학자들은 최근에 발견된 몇 가지 화석을 토대로 디플로도쿠스의 외형을 다시 복원해 보았습니다. 등을 따라 길쭉하게 날카로운 가시를 포함시켰어요. 마치 이구아나와 같은 모습이었습니다.

몇 년 전에 이루어진 연구에 따르면, 디플로도쿠스의 이빨은 빠졌고 새로운 이빨이 바로 생겨났었다고 해요. 평균 35일마다 이를 갈았다고 합니다. 비슷한 종류이자 같은 서식지를 가진 거대한 카마라사우루스에게는 62일마다 일어난 일이었어요. 디플로도쿠스가 이빨을 더 자주 그리고 빠르게 갈게 된 것은 아주 거친 식물을 먹어 빨리 마모가 되었기 때문이에요. 그래서 다른 공룡들보다 더 빨리 새 이빨을 필요로 한 것이었답니다.

아마르가사우루스

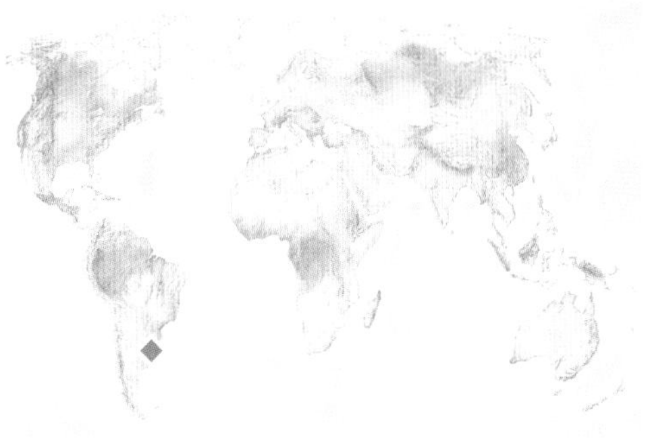

- 서식지
  남미
- 주요 화석 발견지역
  아르헨티나
- 생존 시대
  1억 3천만 년 전

학명: *Amargasaurus*
크기: 길이 9m, 높이 4m
무게: 5t
계: 동물계(Animalia)
문: 척삭동물문
목: 용각아목(Sauropodomorpha)
과: 디크라에오사우루스과

아마르가사우루스는 가장 특이한 모습을 가진 공룡 중 하나로, 두 줄의 골침이 등뼈에서 확장되어 길게 나 있는 공룡이었어요. 목에서부터 꼬리까지 평행하게 등을 따라 돋아 있었지요. 골침의 높이가 500센티미터나 되기도 했답니다. 골침에 대한 가설 중 하나는 각질로 덮여있었다는 것입니다. 단단한 이 골침을 무기 삼아 포식자들을 물리칠 수 있었지요. 하지만 모두가 이 가설에 동의하지는 않았어요.

골침의 위치 상 공격에 한계가 있었을 것이라는 거예요. 나머지 몸에도 다 돋아 있었다면 공격에 상당히 유리한 무기가 되었을 겁니다. 수컷에게만 이 골침이 발견되었다는 것으로 보아 암컷을 차지하기 위해 경쟁하고 같은 종끼리 싸울 때 사용했을 것으로 추정됩니다.

ARGASAURUS

골침이 피부의 '돛'으로 체온 유지를 위해 사용되거나, 다른 공룡들에게 겁을 주기 위해서, 또는 암컷의 눈길을 끌기 위해 사용되었을 수도 있습니다. 단백질로 이루어져 구조적인 역할을 했을 가능성도 있어요. 아파토사우루스나 브라키오사우루스처럼 용각류였지만, 그들과는 다른 크기를 가지고 있었습니다. 사촌 격인 다른 거대한 공룡들에 비해 반 정도밖에 되지 않는 크기였어요. 하지만, 그래도 세 대의 자동차를 나란히 세워둔 길이였으니 얼마나 컸을지 짐작이 됩니다.

초식 공룡임에도 불구하고, 아마르가사우루스에게는 이빨이 없어 식물을 씹을 수가 없었습니다. 식물의 일부를 한꺼번에 삼켰어요. 그래서 돌을 같이 삼켜 소화를 시켜야만 했답니다.

오우라노사우루스

- 서식지
  아프리카
- 주요 화석 발견지역
  니제르 사막
- 생존 시대
  1억 1천만～1억 1천2백만 년 전

학명: *Ouranosaurus*
크기: 길이 8m, 높이 3m
무게: 2～3t
계: 동물계(Animalia)
문: 척삭동물문
목: 조반목(Ornithischia)
과: 이구아노돈과

오우라노사우루스의 모습을 특별하게 만들어주는 등에 솟은 커다란 '돛'모양의 척추 돌기는 높이가 70센티미터나 됩니다. 이 돛의 역할은 아직까지도 수수께끼로 남아있어요. 아마도 체온의 분산과 축적 또는 라이벌의 방해를 막는 용도로 사용했을 겁니다. 또는 암컷의 시선을 끌기 위한 것이었을 거예요. 가장 크고 강력하면서도 아름다운 돛이거든요. 색깔도 화려했을 것으로 추정됩니다. 지금도 어떤 도마뱀이나 새들은 비슷한 모습으로 암컷을 유혹하지요. 공작새가 엄청난 장식이 달린 꼬리를 펼쳐 암컷의 시선을 끌듯이 말입니다.

하지만 어떤 학자들은 긴 척추 돌기가 뼈의 일부가 아닌, 낙타의 혹과 같은 것이라고 여기기도 합니다. 지방을 축적하고 에너지를 저장해두어 먹이를 찾기 힘들 때 버틸 수 있었을 것이라고도 해요.

오우라노사우루스의 서식지는 강의 삼각주였어요. 천적은 길이가 10미터인 육식 공룡 수코미무스 또는 12미터의 거대한 악어 사르코수쿠스였어요. 오우라노사우루스의 화석과 같은 곳에서 이들의 화석이 발견되었답니다.

유로펠타

유럽에는 갑옷 공룡들이 살았어요. 2011년, 유로펠타 카본네시스(탄광 지대에서 발견되어 붙여진 이름)의 화석이 스페인에서 발견되었답니다. 완전한 뼈가 발굴되지 않았기 때문에 아직 많이 알려지지 않은 공룡이기도 해요. 발견된 두 종류의 일부 화석 중 하나가 바로 유로펠타의 것이었어요. 중간 크기의 초식 공룡인 유로펠타는 스트루티오사우루스아과, 흔히 갑옷 공룡으로 알려진 종이예요. 유럽에서만 발견되는 종이랍니다.

- 서식지
  유럽
- 주요 화석 발견지역
  스페인
- 생존 시대
  1억 1천만 년 전

학명: *Europelta*
크기: 길이 5m, 높이 1m
무게: 2t
계: 동물계(Animalia)
문: 척삭동물문
목: 조반목(Ornithischia)
과: 노도사우루스과

EUROPELTA

이 공룡들은 노도사우루스과에서 확장된 것으로, 폭이 좁은 머리와 골판으로 완전히 뒤덮여있지는 않은 몸이 특징이에요. 유로펠타의 갑옷은 다른 이후의 갑옷 공룡들에 비해 두껍지도 튼튼하지도 않았답니다. 하지만 여전히 포식자들에 대항해 스스로를 방어하기에 좋은 구조였지요. 그들은 식물로 가득한 연안석호였던 곳에서 살았습니다

유로펠타의 이름은 이 공룡이 발견된 지역인 '유럽'과 그리스어로 방패라는 뜻인 '펠타'에서 따온 이름이에요. 유럽은 안킬로사우루스의 가장 완전한 뼈가 발견된 곳이기도 하지요.

이구아노돈

19세기 후반, 몇몇의 광부들이 300미터 깊이의 터널을 파고 있었습니다. 베르니사르의 마을에 있는 탄광의 지하를 뚫고 있었지요. 그리고 그곳에서 이구아노돈의 화석을 발견했습니다. 적어도 30개의 거의 완전한 뼈들이 묻혀 있었어요. 이 발견으로 인해 학자들은 초식공룡인 이구아노돈에 대해 알아낼 수 있었습니다. 이구아노돈은 네 발을 가졌지만 위험할 때엔 뒷다리만으로도 뛸 수 있었어요. 시속 20킬로미터로 특별히 빠르지는 않았지만 말이에요.

- 서식지
  유럽
- 주요 화석 발견지역
  베르니사르(벨기에)
- 생존 시대
  1억 만년 전

학명: *Iguanodon*
크기: 길이 10m, 높이 5m
무게: 7t
계: 동물계(Animalia)
문: 척삭동물문
목: 조반목(Ornithischia)
과: 이구아노돈과

GUANODON

두 발 동물과 같은 이런 자세로 나무의 높은 곳에 있는 잎도 먹을 수 있었고, 작은 손가락으로 식물을 잡을 수 있었어요. 초기의 복원으로는 코뿔소처럼 뿔을 가진 공룡으로 묘사되었습니다. 하지만 벨기에에서 발견된 수많은 뼈를 분석한 결과 이것이 오류였다는 것을 알아내게 되었지요. 그것은 뿔이 아니라 앞발의 첫 발가락에 있는 발톱이었답니다. 포식자들로부터 스스로를 보호하는 방어 도구로 사용했어요. 칼처럼 날카로운 끝으로 공격하면 깊은 상처를 낼 수 있었답니다.

왜 이구아노돈의 화석은 베르니사르의 탄광에서 모두 함께 있는 채로 발견되었을까요? 가장 유력한 가설은 작은 무리가 포식자를 피해 도망치다가 협곡 아래로 떨어져 그대로 갇혀버렸기 때문이라는 것입니다.

프로토케라톱스

- 서식지
  몽골
- 주요 화석 발견지역
  고비 사막(몽골)
- 생존 시대
  1억 1천만～7천만 년 전

학명: *Protoceratops*
크기: 길이 2m, 높이 1m
무게: 180kg
계: 동물계(Animalia)
문: 척삭동물문
목: 조반목(Ornithischia)
과: 프로토케라톱스과

프로토케라톱스의 화석을 발견한 과학자들의 말에 따르면, 마치 그 시대의 한 장면을 사진으로 찍어 놓은 것을 본 것과 같았다고 합니다. 7천5백만 년 전 고비사막에 일어난 강력한 모래 바람 때문에 죽은 것으로 추정되는 15마리의 어린 프로토케라톱스들이 나란히 누워 있었어요. 태어난지 1년도 채 되지 않은 작은 공룡은 둥지에 누워 있었답니다.

고생물학자들은 어른 공룡들이 어린 공룡들을 부화한 후에도 꽤 오랫동안 먹여주고 포식자들로부터 보호하며 보살폈다는 것을 알게 되었어요. 공룡들의 사회적 행동을 알 수 있었던 증거였지요.

OCERATOPS

프로토케라톱스는 큰 공룡이 아니었어요. 송아지 정도의 크기였답니다. 질긴 식물을 단단한 부리로 잘게 잘라 먹는 초식 공룡이었습니다. 무리를 이루어 살았고 머리에는 큰 프릴이 있었어요. 색깔이 있었을 것이고, 암컷을 유혹하거나 포식자들에 대한 방어 도구로 사용했을 겁니다. 이 공룡들은 사실 육식 공룡들이 탐내는 먹잇감이었어요. 하지만 격렬한 방어(화석을 통해 알 수 있었던 특성) 때문에 쉬운 상대는 아니었습니다.

몽골의 고비 사막에서 발견된 화석은 아주 유명해졌습니다. 벨로키랍토르가 프로토케라톱스를 움켜쥔 채로 같이 죽은 화석이었거든요. 머리를 움켜쥐고, 발톱을 프로토케라톱스의 목 깊숙이 찌른 상태였어요. 안으로 구부린 벨로키랍토르의 오른발은 프로토케라톱스의 강한 부리가 물고 있었습니다. 싸움 중에 죽은 것으로 보이는 두 마리의 마지막 장면은 수 백 만년동안 화석으로 보존되어 있다가 세상에 드러났어요.

파라사우롤로푸스

- 서식지
  북미
- 주요 화석 발견지역
  앨버타(캐나다), 유타와 뉴멕시코(미국)
- 생존 시대
  1억만 ~ 6천5백만 년 전

학명: *Parasaurolophus*
크기: 길이 10m, 높이 3~4.5m
무게: 2~3t
계: 동물계(Animalia)
문: 척삭동물문
목: 조반목(Ornithischia)
과: 하드로사우루스과

파라사우롤로푸스는 "위대한 트럼펫 연주자"라고 불리기도 해요. 왜냐고요? 아주 놀라운 소리를 낼 수 있었거든요. 머리 위부터 뒤로 1미터가 넘는 길이의 비어있는 수수께끼와 같은 관이 있었는데, 호흡과 연결이 되어 있었어요.

코에서 폐로 공기를 이동시켜주는 길이 되어 주었지요. 그리고 파라사우롤로푸스는 이 관을 통해 큰 소리를 낼 수 있었어요. 소리를 내야 할 때마다 관을 통해 자유롭게 낼 수 있었지요.

심지어 어떤 두 학자들은 이 소리를 복제해 보려고 했어요. 뉴멕시코의 파밍톤에서 발견된 가장 완전한 형태의 해골을 이용해 보았지요. 350번의 스캔을 통해 관을 복제한 후 이 공룡이 냈을 것으로 짐작되는 소리를 컴퓨터로 만들어 보았어요. 그 소리는 엄청난 몸집의 사람이 목으로 내는 소리와 비슷했답니다.

어떤 학자들은 이 소리를 듣고 이 독특한 소리가 같은 종끼리 서로 알아볼 수 있고 멀리서도 부를 수 있는 역할을 했을 것이라고 추측했어요. 빽빽하게 우거진 숲에서도 소리를 통해 서로를 찾을 수 있었을 거예요. 그리고 수컷이 암컷을 유혹하는 용도로도 사용했을 것이라 짐작합니다. 몸의 싸움이 아니라 소리 대결로 라이벌을 이겨냈을 것이라는 거죠.

파라사우롤로푸스의 관은 오랫동안 수수께끼로 남아있었어요. 소리를 냈다는 것을 알기 전에는 이 기다란 관의 기능에 대해 많은 가설들이 있었습니다. 그 중 하나의 가설은 물속에 머리를 완전히 넣고 수중식물을 찾을 때 숨을 쉬기 위한 튜브의 역할을 했을 것이라는 것이었답니다.

아르젠티노사우루스

- 서식지
  남미
- 주요 화석 발견지역
  아르헨티나
- 생존 시대
  9천5백만 년 전

학명: *Argentinosaurus*
크기: 길이 30m, 높이 20m
무게: 80t 이상
계: 동물계(Animalia)
문: 척삭동물문
목: 용반목(Saurischia)
과: 안타르크토사우루스과

아르젠티노사우루스는 발견된 공룡들 중 아마도 가장 큰 공룡일 거예요. 정말 믿기 어려울 만큼 거대했답니다. 무게는 코끼리 20마리의 무게를 합한 것과 비슷했고, 척추 뼈 하나는 여자 어른의 크기와 비슷했어요. 알은 럭비공처럼 컸답니다.

파타고니아에서 수백 개의 알들이 발견되었는데, 어떤 알들은 새끼의 흔적을 그대로 간직한 채로 화석이 되어 있기도 했어요. 어린 아르젠티노사우루스가 어른 크기가 되기까지는 30년 이상의 시간이 걸렸다고 합니다. 5킬로그램으로 태어나서 80톤이 되기까지 말이에요.

NTINOSAURUS

아르젠티노사우루스는 작은 무리를 지어 이동했고 주로 침엽수를 먹었어요. 돌을 같이 먹어 위에서 잘게 부수어 소화를 시켰답니다. 이것을 위석이라고도 하지요. 아르젠티노사우루스가 유일하게 두려워했던 포식자는 바로 기가노토사우루스였어요. 길이가 14미터인 육식공룡으로, 아르젠티노사우루스 무리 중 어리거나 아픈 공룡을 상대로 공격했답니다. 결과적으로는 절대 빼앗기지 않았지만 말이에요. 결국 죽거나 크게 다치는 것은 포식자가 되는 경우가 많았습니다.

학자들에 의하면 이 공룡은 티타노사우르 용각류에 속하는 공룡으로 거대한 몸에는 두 가지 이유가 있었다고 합니다. 거대한 공룡들은 포식자들로부터 살아남기에 유리한 조건을 가지고 있습니다. 엄청난 크기 때문에 함부로 공격하지 못하고 포식자들이 겁을 먹기도 하지요.

그리고 다른 초식공룡들이 닿지 못하는 높은 곳의 나뭇잎을 먹을 수가 있었어요. 아주 큰 침엽수의 맨 위에 난 잎도 먹을 수 있었답니다.

노도사우루스

- 서식지
  북미
- 주요 화석 발견지역
  와이오밍, 캔자스(미국)
- 생존 시대
  9천5백만～9천만 년 전

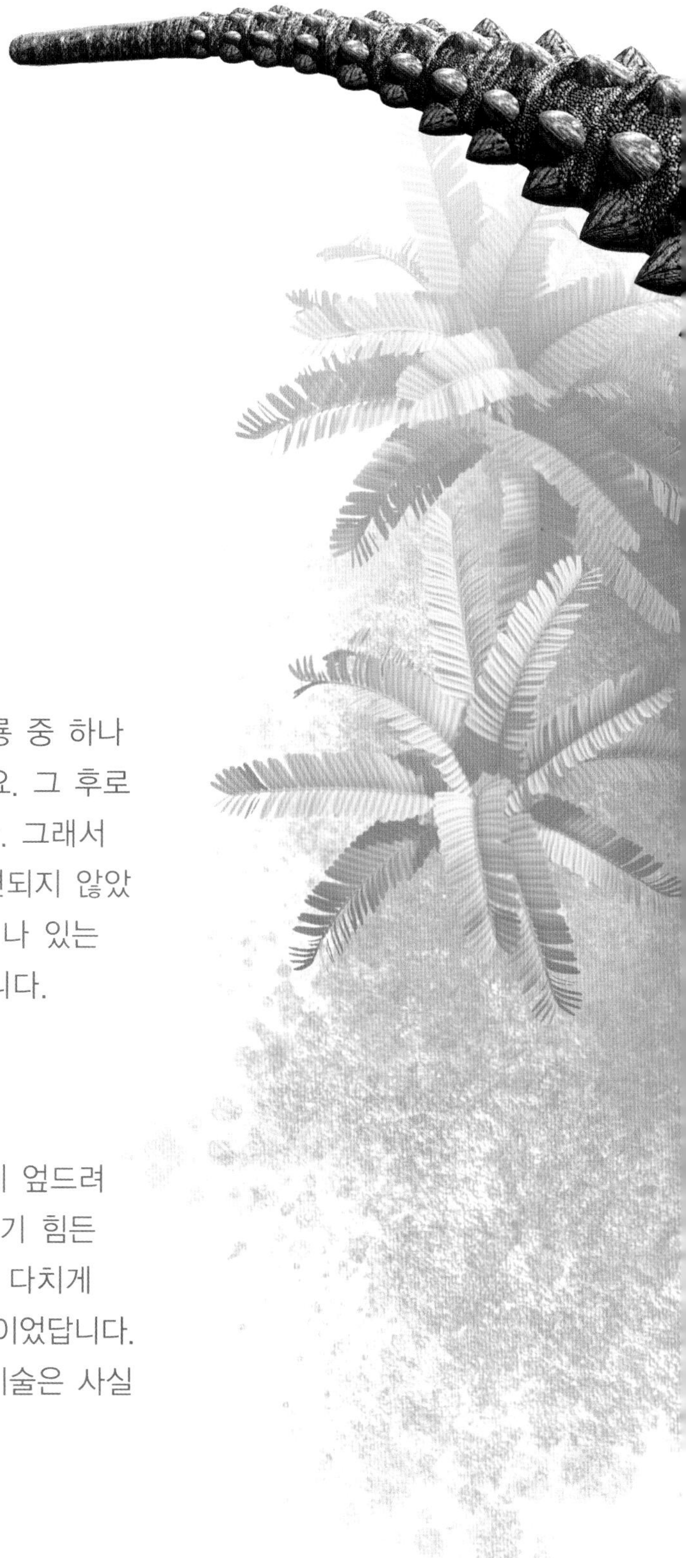

학명: *Nodosaurus*
크기: 길이 6m, 높이 2m
무게: 1t

계: 동물계(Animalia)
문: 척삭동물문
목: 조반목(Ornithischia)
과: 노도사우루스과

노도사우루스는 갑옷 공룡들 중 첫 번째로 발견된 공룡 중 하나랍니다. 화석은 미국의 와이오밍에서 1889년 발굴되었어요. 그 후로 고생물학자들이 찾은 다른 증거들은 아주 조금이었답니다. 그래서 이 공룡에 대해 알려진 바가 많지 않고, 완전한 뼈도 발견되지 않았어요. 하지만 초식공룡이며, 단단한 돌기가 오돌토돌하게 나 있는 몸집에 비해 비교적 머리가 작았다는 것을 알 수 있었습니다.

이름의 뜻은 '매듭이 지어진 도마뱀'이라는 뜻이에요.
위험할 때엔 아르마딜로처럼 행동했어요. 바닥에 납작하게 엎드려 돌기가 없는 배를 보호하면서 몸을 최대한 말아 무너뜨리기 힘든 요새처럼 버텼습니다. 포식자의 이빨로는 노도사우루스를 다치게 할 수 없었어요. 수비 방어 기술에 불과했지만 아주 효과적이었답니다. 짧고 굵은 다리로는 느리게 이동할 수밖에 없으니, 다른 기술은 사실 생각하기도 힘들었을 거예요.

ODOSAURUS

노도사우루스의 몸 양 옆에 날카로운 가시가 돋아있었는지에 대해서는 아직도 정확한 답을 찾을 수 없습니다. 같은 노도사우루스과에 속하는 폴라칸투스나 힐라에오사우루스 등의 다른 공룡들에게는 가시가 있었어요. 가시가 있었다면 포식자들로부터 스스로를 보호하기에 훨씬 더 효과적인 방어도구가 되었을 겁니다. 공격을 통해 치명적인 상처를 낼 수 있었을 테니까요.

스티라코사우루스

- 서식지
  북미
- 주요 화석 발견지역
  애리조나(미국), 앨버타(캐나다)
- 생존 시대
  8천만～7천5백만 년 전

학명: *Styracosaurus*
크기: 길이 5.5m, 높이 2.5m
무게: 3t
계: 동물계(Animalia)
문: 척삭동물문
목: 조반목(Ornithischia)
과: 케라톱스과

스티라코사우루스는 '가시가 있는 도마뱀'이라는 뜻의 이름으로, 딱 이름과 같은 모습을 가지고 있어요. 아주 특이한 모습이지요! 코에는 길이가 1미터나 되는 큰 뿔이 나 있고, 머리 뒤로는 6개의 길고 뾰족뾰족한 뿔이 나 있는 프릴이 거대하게 자리 잡고 있었어요. 이것들이 어떤 역할을 했는지는 수수께끼로 남아있습니다.

처음에는 포식자들에 대항하기 위한 방어 도구로 여겼어요. 하지만 최근 다른 가설이 생겼어요. 같은 종끼리 멀리서도 서로를 알아볼 수 있는 특유의 신호 같은 역할을 했을 것이라고 추측하기도 한답니다.

거대한 프릴도 중요한 기능을 했을 거예요. 우선 적의 공격에 방어하는 도구가 되어 주었고, 혈액의 흐름을 조절하여 피부 색깔을 바꾸는 역할을 했어요. 또 암컷을 차지하기 위한 화려한 용모의 역할도 했을 겁니다. 화석의 발견으로 고생물학자들은 이 거대한 초식 공룡이 종종 큰 무리를 지어 움직였다는 것을 추측할 수 있었습니다. '뭉치면 더 강하기' 때문에, 9미터에 이르는 크기의 무시무시한 육식공룡인 다스플레토사우루스와 같은 지역, 같은 시대를 살아온 스티라코사우루스에게 무리는 중요한 방어 전략이었을 거예요.

캐나다 앨버타의 골층(화석 파편을 다량으로 포함하고 있는 지층: 역주)을 통해 많은 스티라코사우루스의 화석들을 발굴할 수 있었어요. 화석들을 통해 무리를 지어 이동했다는 것을 알아낼 수 있었지요. 여기서 발견된 스티라코사우루스들은 아마도 강을 건너려고 했던 것 같습니다. 그리고 거센 물살 또는 홍수에 휩쓸렸던 것으로 보여요. 그래서 모두 빠져 죽게 되었고 그들의 화석이 같이 발견된 것으로 추측하고 있습니다.

마이아사우라

- 서식지
  북미
- 주요 화석 발견지역
  몬태나(미국)
- 생존 시대
  7천6백만 년 전

학명: *Maiasaura*
크기: 길이 9m, 높이 2m 이상
무게: 3t
계: 동물계(Animalia)
문: 척삭동물문
목: 조반목(Ornithischia)
과: 하이드로사우루스과

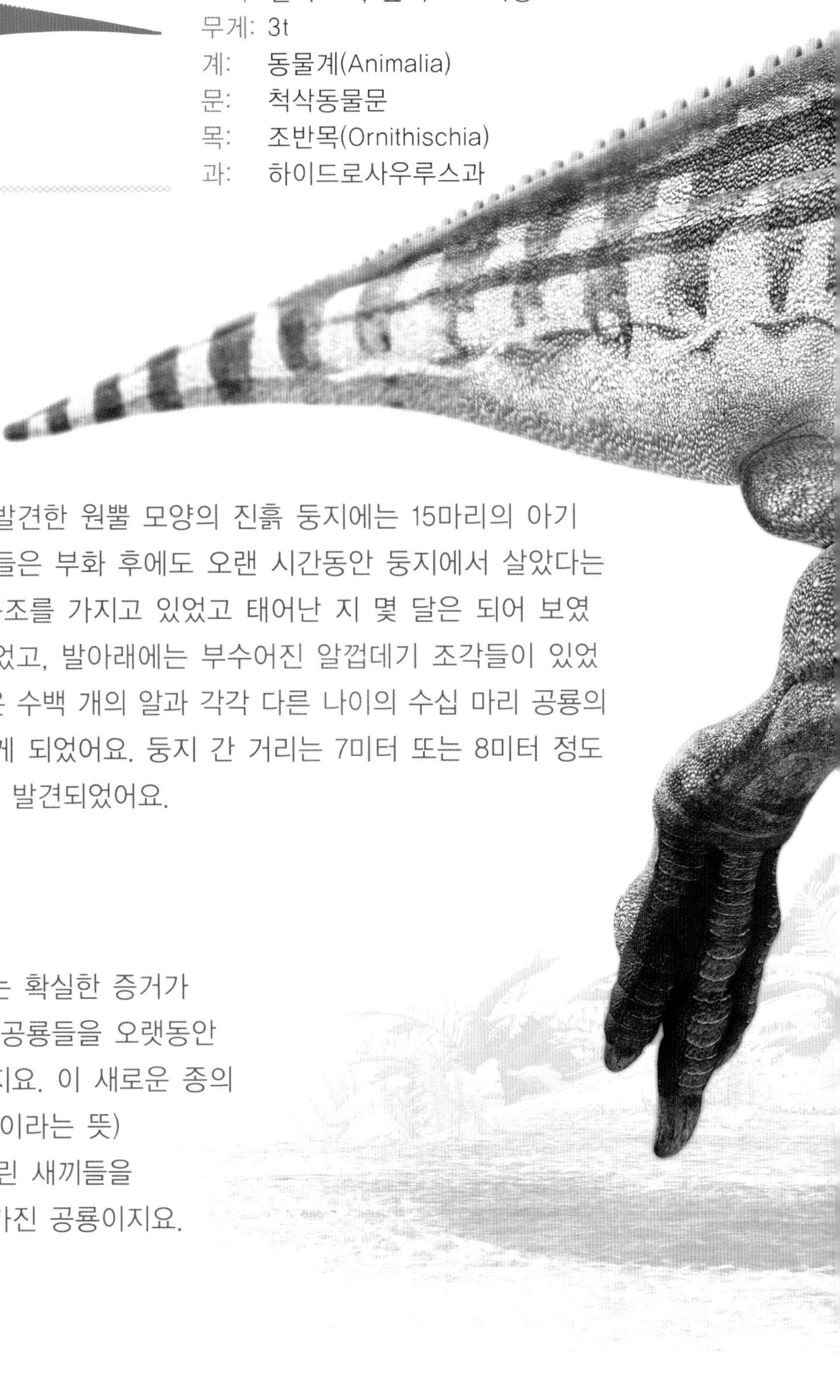

1978년 여름, 미국 고생물학자인 잭 호너와 밥 마켈라는 공룡에 대한 생각을 완전히 그리고 영원히 바꾸어놓을 엄청난 발견을 하게 됩니다. 몬태나에서 발견한 원뿔 모양의 진흙 둥지에는 15마리의 아기 공룡 화석들이 있었어요. 그리고 그 공룡들은 부화 후에도 오랜 시간동안 둥지에서 살았다는 것을 알게 되었지요. 비교적 발달된 뼈 구조를 가지고 있었고 태어난 지 몇 달은 되어 보였어요. 먹이를 씹을 수 있는 이빨이 나 있었고, 발아래에는 부수어진 알껍데기 조각들이 있었습니다. 몇 주간의 발굴 후, 고생물학자들은 수백 개의 알과 각각 다른 나이의 수십 마리 공룡의 뼈가 여전히 둥지 속에 있는 것을 발견하게 되었어요. 둥지 간 거리는 7미터 또는 8미터 정도 밖에 되지 않았답니다. 나머지는 주변에서 발견되었어요.

이것은 이 공룡들이 집단생활을 했다는 확실한 증거가 되었습니다. 둥지를 보호하고, 작고 어린 공룡들을 오랫동안 보살피며 부화와 발달을 함께해 온 것이지요. 이 새로운 종의 공룡은 마이아사우라 ("착한 어미 도마뱀"이라는 뜻)였습니다. 다른 공룡들의 특징과 달리 어린 새끼들을 보살피는 가장 중요하고 특별한 특징을 가진 공룡이지요.

MAIASAURA

둥지 안에 있던 어린 마이아사우라의 뼈들은 각각 다른 나이였어요. 어떤 것은 50센티미터, 또 어떤 것은 2미터의 길이 등 크기가 달랐지요. 아마 어미 마이아사우라가 먹이를 찾아와 먹여주었을 것으로 보입니다. 열매와 잎을 가져와 씹은 후에 뱉어 주어 새끼들이 잘 먹을 수 있도록 도와주었을 거예요.

파키케팔로사우루스

말 그대로 '박치기 공룡'이라고 많은 고생물학자들이 생각했습니다. 파키케팔로사우루스가 같은 종끼리 싸웠으며, 아마도 암컷을 차지하기 위해 지금의 숫양처럼 서로 들이받았을 것이라 믿었어요. 머리에 선천적으로 돌출된 두꺼운 뼈가 둥근 모양으로 자리 잡고 있었고, 그 두께는 심지어 20센티미터가 넘기도 했습니다. 이 보호 헬멧과 같은 머리 모양 때문에 '두꺼운 머리를 가진 도마뱀'이라는 뜻의 이름이 붙여졌지요. 하지만 이것이 실제 모습이라는 것을 믿지 못하는 사람들도 있었답니다. 머리뼈는 구멍이 나기 쉬워 부딪히면 큰 상처를 입었을 것이라고 추측하는 사람들도 있었거든요. 충격을 흡수할 수 없는 약한 구조였을 것이라고 생각하는 것이지요.

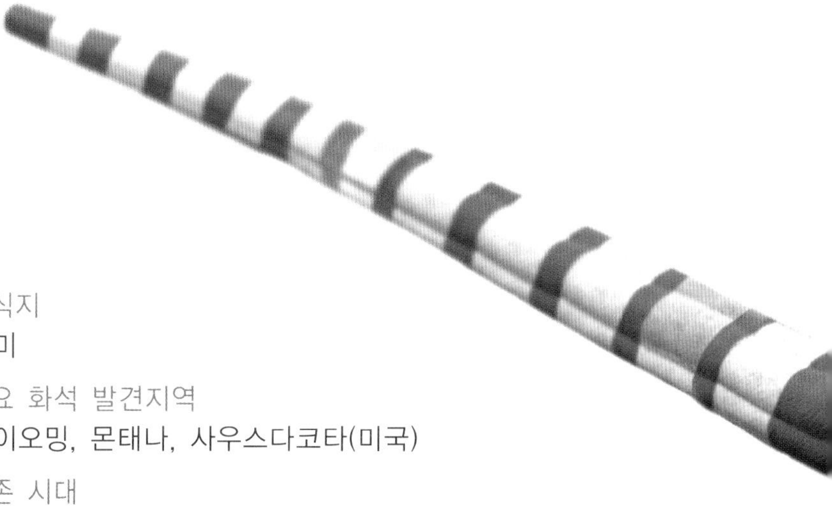

- 서식지
  북미
- 주요 화석 발견지역
  와이오밍, 몬태나, 사우스다코타(미국)
- 생존 시대
  7천6백만 ~ 6천5백만 년 전

학명: *Pachycephalosaurus*
크기: 길이 4m 이상, 높이 2m
무게: 450kg
계: 동물계(Animalia)
문: 척삭동물문
목: 조반목(Ornithischia)
과: 파키케팔로사우루스과

CEPHALOSAURUS

안타깝게도, 이 공룡의 화석은 아주 적게 발견되었습니다. 복원은 발견된 화석을 토대로 이루어졌고, 두 뒷다리로 이동을 했으며 빠르지는 않았다는 것을 알아낼 수 있었어요. 파키케팔로사우루스는 작고 날카로운 이빨을 가지고 있어 주로 식물을 먹었을 것으로 추정됩니다. 씨앗이나 과일, 곤충을 먹었을 수도 있어요.

2012년, 미국의 고생물학자인 조셉 피터슨은 파키케팔로사우루스의 두개골을 컴퓨터 단층 촬영을 해 보았습니다. 그리고 가장 두꺼운 부분에서 몇 개의 외상 흔적을 찾아냈어요. 아마도 머리끼리 부딪히며 생긴 것으로 보였습니다. 그리고 또 하나의 증거를 찾았는데, 암컷이나 어린 파키케팔로사우루스의 해골에는 외상의 흔적이 없었다는 것이었어요. 그래서 아마도 수컷끼리만 싸웠을 것이라 추측하고 있습니다.

타르키아

타르키아를 가까이에서 본다면 아주 특별한 모습에 놀랄 것입니다. 길이가 8미터에 이르는 거대한 공룡으로, 버스 한 대의 무게에 가까운 몸에 갑옷을 두르고 날카로운 가시를 잔뜩 세우고 있거든요. 쿵쿵 걸을 때마다 땅이 흔들리게 하는 단단하고 큰 타르키아는 경이로운 모습의 갑옷 공룡이랍니다.

학명: *Tarchia*
크기: 길이 8.5m 이상, 높이 2m
무게: 4t

계: 동물계(Animalia)
문: 척삭동물문
목: 조반목(Ornithischia)
과: 안킬로사우루스과

- 서식지
  몽골
- 주요 화석 발견지역
  고비 사막(몽골)
- 생존 시대
  7천2백만 년 전

TARCHIA

같은 시대에 현재의 몽골의 고비 사막을 누비며 먹잇감을 찾아다닌 타르보사우루스(그곳에서 화석이 발견되었어요)와 같은 육식 공룡에게도 타르키아는 무서운 존재였어요. 마치 전쟁 기계가 움직이는 것처럼 보이는 타르키아의 또 다른 특징은 이름 속에 숨어 있었습니다.

몽골어로 타르키아는 '두뇌의' 즉, 똑똑하다는 뜻이에요. 두개골의 길이는 40센티미터 정도였는데, 다른 안킬로사우루스과의 공룡들과 비슷하거나 더 컸어요. 이 이름을 붙인 고생물학자들은 두개골의 크기가 사이카니아보다 훨씬 더 크다는 사실에 놀랐습니다. 사이카니아는 비슷하게 생겼지만 몸집이 더 크며 타르키아와 같은 곳에서 화석이 발견되었어요.

등골뼈는 갑옷을 두른 모습으로 꼬리까지 이어졌고, 꼬리의 끝에는 큰 곤봉이 달려 있었어요. 아주 단단하고 튼튼한 것이 었지요. 이 곤봉을 휘두르면 거대한 포식자들에게도 치명적인 상처를 입힐 수 있었습니다. 이것은 아주 든든한 방어, 그리고 공격 도구가 되어 주었지요.

안킬로사우루스

- 서식지
  북미
- 주요 화석 발견지역
  와이오밍, 몬태나(미국), 앨버타(캐나다)
- 생존 시대
  7천만 ~ 6천6백만 년 전

학명: *Ankylosaurus*
크기: 길이 6m 이상, 높이 2m
무게: 6t
계: 동물계(Animalia)
문: 척삭동물문
목: 조반목(Ornithischia)
과: 안킬로사우루스과

수백 개의 골판이 박혀 있는 갑옷 덕분에, 안킬로사우루스는 정말 움직이는 요새 같았답니다. 심지어 큰 충격을 주는 무기도 장착하고 있었지요.

튼튼하고 질긴 근육으로 감싸진 꼬리의 끝부분에는 곤봉이 달려 있습니다. 휙휙 휘두르면 어떤 적에게도 치명적인 상처를 입힐 수 있었어요. 안킬로사우루스의 화석들을 통해 곤봉으로는 무언가를 세게 내리쳤다는 흔적을 발견할 수 있었습니다. 하지만 안킬로사우루스도 종종 티라노사우루스 렉스의 먹이가 되기도 했어요.

그 이빨은 갑옷마저 뚫어버릴 만큼 강력했거든요. 하지만 포식자가 없을 때에는 아주 평온하고 차분한 안킬로사우루스였습니다. 느리게 움직이는 고독한 북미의 초식공룡으로 낮은 식물을 부리처럼 생긴 입으로 뜯어 먹으며 살았습니다.

안킬로사우루스가 적의 공격을 받았을 때 쓰는 또 다른 자기방어의 방법은 갑옷 아래로 몸을 웅크리고 가장 약한 부위인 부드러운 배를 땅에 붙여 보호하는 것이었다고 합니다.

스티기몰로크

- 서식지
  북미
- 주요 화석 발견지역
  와이오밍, 몬태나(미국)
- 생존 시대
  7천만～6천6백만 년 전

학명: *Stygimoloch*
크기: 길이 3m 이상, 높이 1.5m
무게: 90kg
계: 동물계(Animalia)
문: 척삭동물문
목: 조반목(Ornithischia)
과: 파키케팔로사우루스과

화석으로 남은 이 공룡의 흔적들을 완전히 발굴하기 전에 고생물학자들은 살아있었을 때의 모습이 어땠을지 알아내려 노력했습니다. 과거에 이미 발견되었던 종인지, 아니면 새로운 종일지 궁금해 하면서 최대한 뼈 조각들을 복원해보고자 했지요. 후자의 경우에는 이름이 붙게 됩니다. 하지만 때로 고생물학자들은 실수를 했어요. 스티기몰로크가 바로 그런 경우였답니다. 어떤 화석들은 19세기 말에 발견되었는데, 1982년에 발견된 화석을 보고서야 고생물학자들은 스티기몰로크에 대해 완전한 묘사를 할 수 있게 되었습니다. 처음에는 파키케팔로사우루스와 비슷한 새로운 종의 초식공룡으로 여겼었습니다. 혹과 같은 돔형 머리뼈가 있는 모습이 비슷했지만 몸집은 더 작고 두개골도 그다지 두껍지 않았습니다.

그런 외형적인 모습 때문에 "지옥의 강변 스틱스(스티기몰로크)" 라는 뜻의 이름을 가지게 되었습니다. 하지만 최근 몇 년 동안 또 다른 가설이 떠오르게 되었지요. 어떤 고생물학자들이 이 공룡을 새로운 종으로 분류하지 않고, 파키케팔로사우루스의 어린 시절이라고 보는 것이 더 옳다고 주장하기 시작한 것입니다. 이런 오류가 왜 생기게 된 것일까요? 몇 가지 가능한 답이 있습니다. 먼저 동물에게는 때로 어린 시절과 어른 시절의 모습이 다른 경우가 더러 있어요. 또 같은 종이라도 수컷과 암컷의 모습이 다른 경우가 있지요. 모습과 특징이 매우 다른 동물들도 있으니까요. 복원하기에 부족한 부분이 많은 종이라면 이런 차이점을 분명하게 말하기가 힘들어요. 몇몇 연구에 따르면 1850년~1980년 사이에 발견되어 새로운 종으로 분류된 많은 공룡들 중 거의 반 정도가 오류였다고 합니다. 이미 있던 종의 다른 모습에 더 가까웠던 것이지요. 다행히도 점점 더 구체적인 조사를 통해 "다시 정의하고 바로잡은" 선사시대의 여러 모습들이 생기게 되었습니다.

2004년 남부 다코타에서 뾰족한 가시 모양의 혹이 잔뜩 있는 두개골이 발견되었습니다. 또 하나의 새로운 종이라 생각했고, 새롭고 신기한 모습에 "호그와트(해리 포터에 나오는 마법학교의 이름)의 용"이라는 뜻인 드라코렉스 호그와트시아라는 이름을 붙였어요. 하지만 최근 연구원들이 스티기몰로크와 꼭 닮은 드라코렉스가 다르거나 새로운 종이 아니며 어린 파키케팔로사우루스에 가깝다고 결론지었습니다. 자라는 중에 돔형 머리뼈의 모습이 변화하면서 어른 파키케팔로사우루스의 머리처럼 되는 것이라고 여겼습니다.

트리케라톱스

- 서식지
  북미
- 주요 화석 발견지역
  미국, 캐나다
- 생존 시대
  6천7백만～6천5백만 년 전

학명: *Triceratops*
크기: 길이 7～9m, 높이 3m
무게: 6～9t
계: 동물계(Animalia)
문: 척삭동물문
목: 조반목(Ornithischia)
과: 케라톱스과

1887년 콜로라도의 덴버에서 두 개의 거대한 뿔 화석이 처음 발견되었을 때, 그것이 지금은 멸종된 큰 아메리카들소(바이슨)의 뿔이라고 했습니다. 그 때만해도 아무도 또 다른 뼈 조각들이 차례로 발견될 것이라 생각하지 못했어요. 그것은 아주 거대한 공룡의 뼈였습니다. 그 후로 수 백 개에 이르는 트리케라톱스의 화석들이 발견되었고, 학자들에 따르면 모두 크게 두 종인 트리케라톱스 호리두스와 트리케라톱스 프로수스에 속한다고 합니다.

RICERATOPS

트리케라톱스는 백악기 후기에 지금의 북미로 알려진 곳에서 살았습니다. 큰 몸집으로 느리게 움직이는 공룡이었어요. 최고 속력은 시속 8킬로미터(무시무시한 벨로키랍토르의 최고 속도가 시속 60킬로미터인 것과 비교하면 아주 느린 속도이지요!)였을 것으로 추정됩니다. 초식공룡으로 낮은 곳에 있는 식물을 먹고 살았어요.

입은 뾰족한 부리 모양으로 앵무새의 입과 비슷하지만 훨씬 컸답니다. 부리 안에는 가늘고 날카로운 이빨이 수백 개가 나 있었어요. 거칠고 질긴 식물의 잎과 기둥도 잘게 씹어 먹을 수 있었지요. 3–5개의 이빨 위에 또 다른 이빨이 정렬되어 있을 정도로 촘촘했고, 이빨이 완전히 마모되기도 전에 새 이빨이 이미 아래에서 나고 있는 구조였답니다.

학자들의 말에 따르면, 이들은 다른 초식 공룡들처럼 큰 무리를 지어 이동했다고 합니다. 하지만 작은 가족 무리로도 생활했어요. 2012년 고생물학자인 피터 라손이 발견한 화석에는 각기 다른 크기의 트리케라톱스 세 마리의 뼈가 함께 묻혀 있었습니다. 두 마리의 어른과 한 마리의 새끼로 추정되는 이들은 티라노사우루스 렉스의 공격을 받은 것으로 보였어요. 가장 큰 트리케라톱스의 뼈에는 포식자가 문 흔적이 남아있었답니다.

트리케라톱스

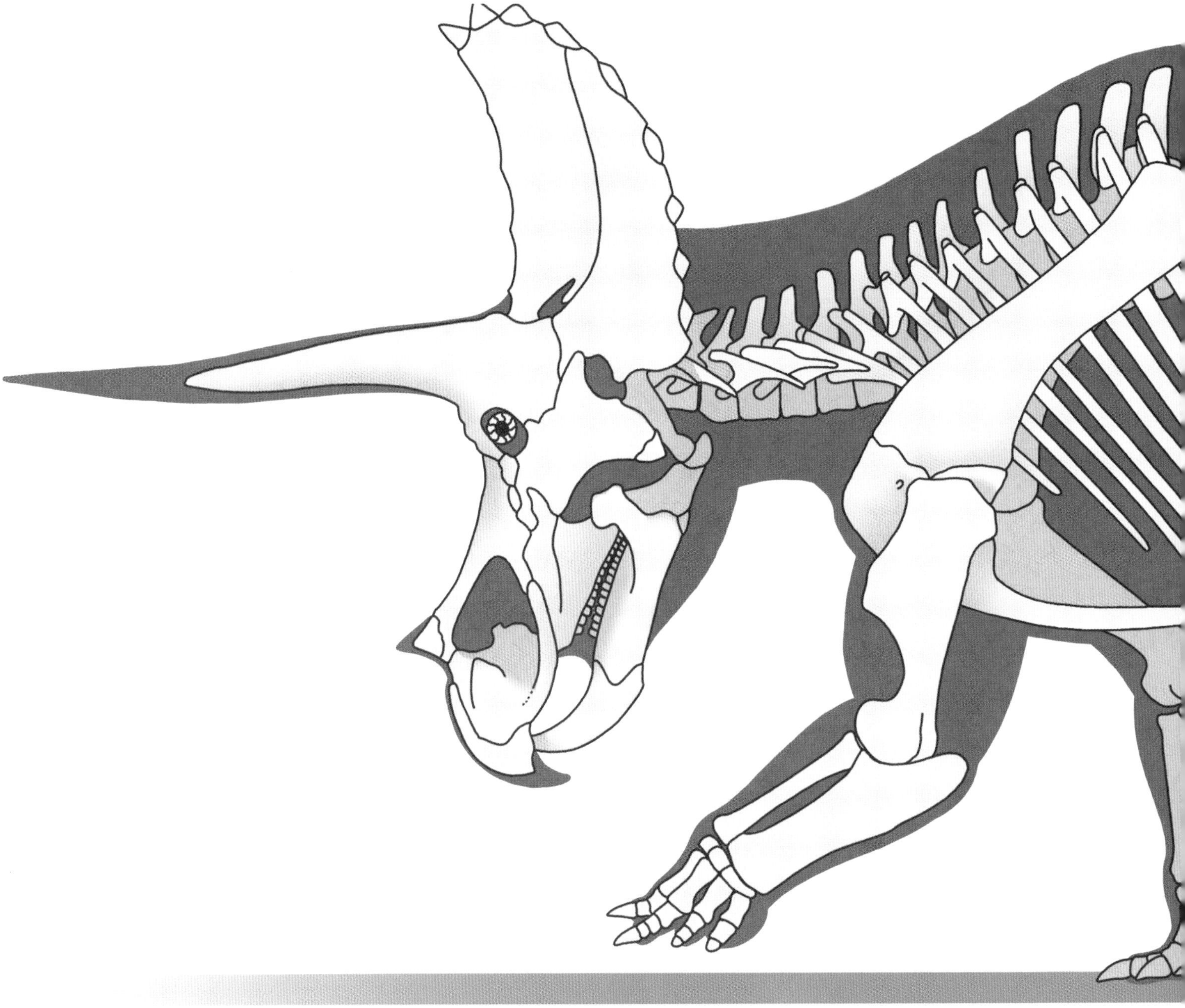

이 공룡에 대한 가장 놀라운 점은 당연하게도 머리 부분입니다. 두개골에는 길이가 2미터에 달하는 큰 쇄골과 세 개의 뿔이 나 있었어요. 그래서 고대 그리스어로 “세 개의 뿔이 난 얼굴”이라는 뜻의 트리케라톱스라는 이름이 붙여지게 되었답니다. 수컷은 뿔을 방어 도구로 사용했어요. 포식자들로부터 스스로와 새끼를 보호하기 위해 썼어요. 공격을 받거나 위험한 상황이 되면 어른 트리케라톱스들은 원형을 이루어 가운데에 새끼들을 두고 방어태세를 갖추었을 겁니다. 바이슨이나 들소들이 하듯 빈틈이 없는 벽을 만들었어요. 뿔은 암컷을 차지하기 위해 수컷들의 싸움에서도 공격 도구로 쓰였습니다. 싸움은 때로 강하게 일어나 심각한 부상을 입기도 했어요. 그런 흔적들이 화석을 통해서도 발견되었답니다.

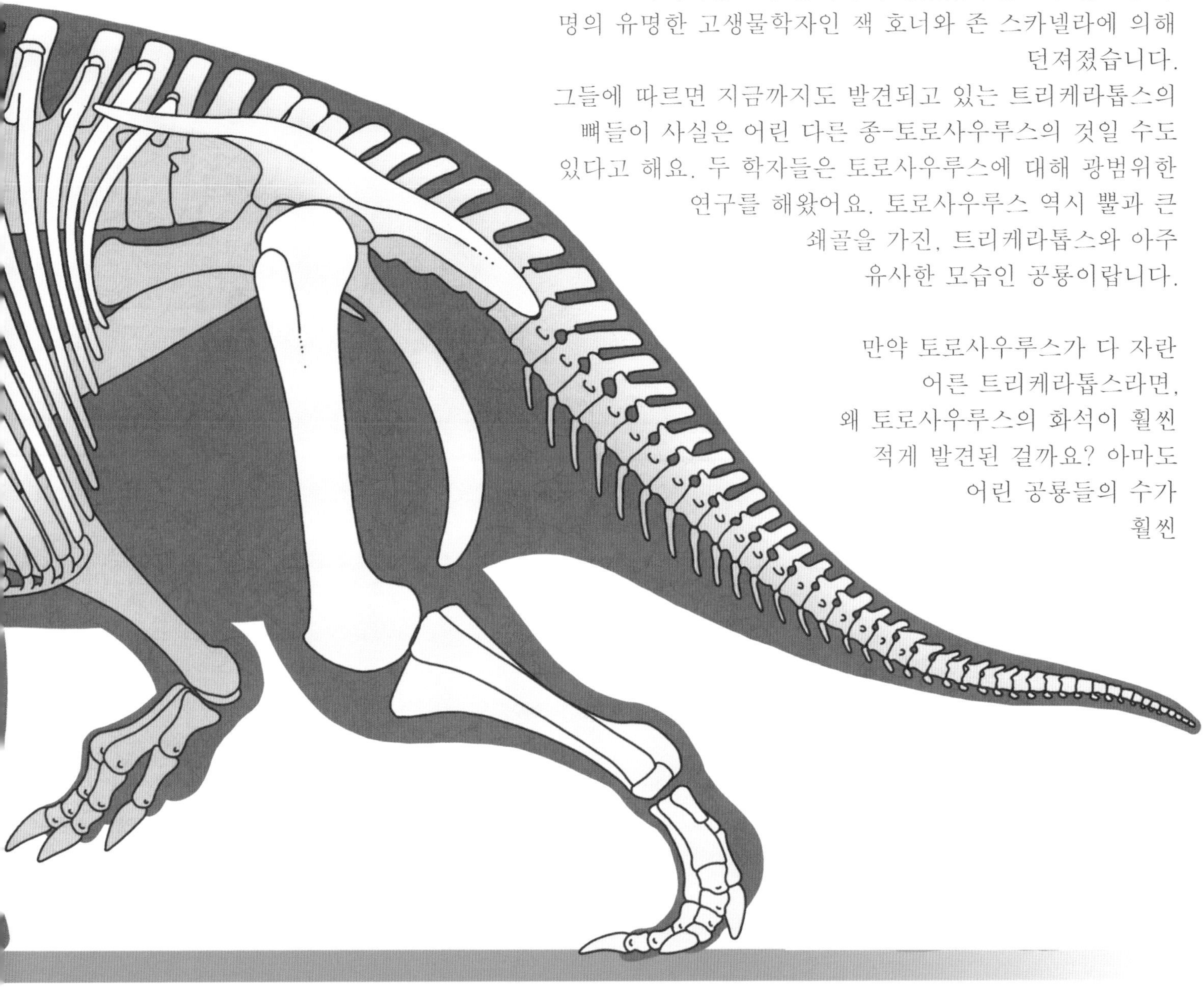

트리케라톱스가 존재하지 않았었다면? 이 질문은 두 명의 유명한 고생물학자인 잭 호너와 존 스카넬라에 의해 던져졌습니다.
그들에 따르면 지금까지도 발견되고 있는 트리케라톱스의 뼈들이 사실은 어린 다른 종-토로사우루스의 것일 수도 있다고 해요. 두 학자들은 토로사우루스에 대해 광범위한 연구를 해왔어요. 토로사우루스 역시 뿔과 큰 쇄골을 가진, 트리케라톱스와 아주 유사한 모습인 공룡이랍니다.

만약 토로사우루스가 다 자란 어른 트리케라톱스라면, 왜 토로사우루스의 화석이 훨씬 적게 발견된 걸까요? 아마도 어린 공룡들의 수가 훨씬 많았기 때문일 것입니다.

사망률이 높았고, 성숙해질 때까지 살아남지 못한 공룡들이 많았을 테지요. 하지만 또 다른 의견도 있어요. 어떤 과학자들은 토로사우루스가 트리케라톱스의 수컷 또는 암컷일 것이라고 합니다.

TRICERATOPS

거대한 해양 파충류들

무시무시한 물속 지배자들

2억 5천만 년 전, 육지는 통합된 땅으로 알려진 '판게아'라는 대륙으로 합해졌습니다. 나머지는 모두 물이었어요. 물은 많은 진화된 파충류들의 서식지가 되었습니다. 그리고 바다로 돌아가기에 가장 좋은 환경이었어요. 먹이에 대한 경쟁이 덜한 곳이었으니까요. 쥐라기 시대의 바다에서는 많은 종의 동물들이 살고, 번식하고, 다양한 종으로 진화하여 바다의 지배자가 되었습니다.

19세기에 많은 화석 발굴자들이 그들의 흔적을 찾으려 했고, 발견된 것들은 매우 특별한 모습이어서 실존했다는 사실이 믿기 어려울 정도였답니다. 그 이후로 수 백 종의 다양한 바다 파충류들이 발견되었습니다. 어떤 화석은 너무 선명하게 남아 있어 바위 위에 찍은 사진과 같은 모습이었어요. 연구와 분석을 거듭한 결과, 고생물학자들은 그 모습들을 복원할 수 있었습니다. 외형과 특성, 습성까지도 추측할 수 있었지요. 한 시대의 접힌 페이지 속 아주 특별한 이야기가 펼쳐졌어요.

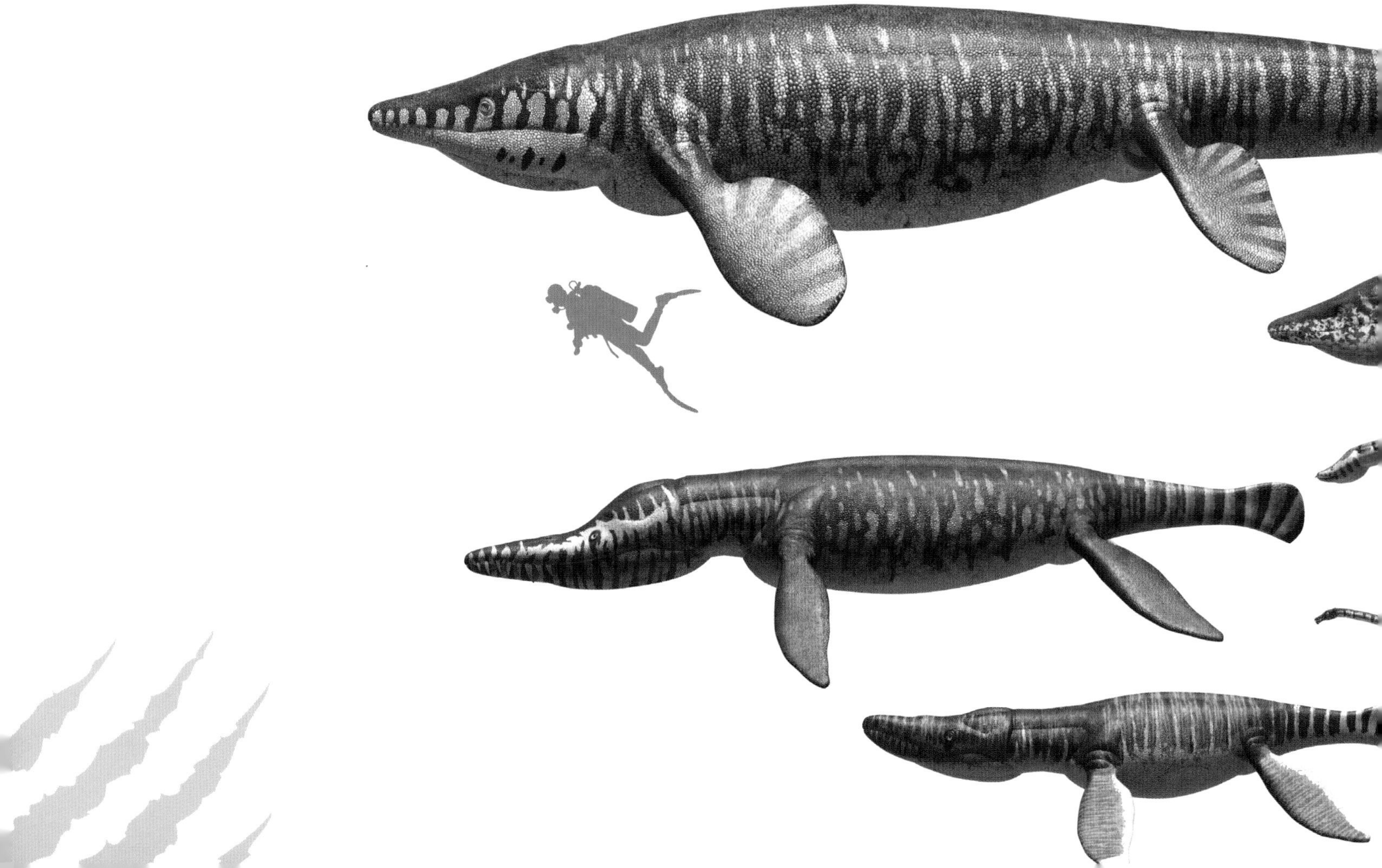

지금은 물속에 살았던 공룡들이 돌고래부터 거대한 고래의 크기까지 다양한 형태였다는 것을 알게 되었습니다. 대부분이 활발한 포식자들이었고, 어떤 것들은 굉장히 무서운 모습이었어요. 이를 테면 틸로사우루스는 엄청나게 큰 이빨이 나 있었는데, 티라노사우루스 렉스의 이빨과 비슷했답니다. 모사사우루스는 길이가 14미터나 되는 거대한 크기였어요. 포악한 육식 파충류였던 모사사우루스의 위에서는 같은 종의 뼈도 발견될 정도였답니다.

이들이 고독한 포식자들이었다면, 무리를 지어 다닌 또 다른 바다의 파충류들이 살았다는 것도 알게 되었습니다. 미국의 네바다에서는 수십 개의 쇼니사우루스 뼈가 발견되었는데, 모두 같은 곳을 향한 채로 함께 죽어 있었어요. 무리를 지어 같이 헤엄을 치고 있었던 모습이었지요. 어떤 종은 육지로 나가 알을 낳았고, 어떤 종은 시기에 맞추어 얕은 물속에 알을 낳아 포식자들로부터 새끼들을 보호했습니다. 고요하고 안전한 곳에서 부화한 새끼들에게 먹이를 가져다주곤 했지요. 일상적인 모습도 화석을 통해 밝혀졌어요. 그래서 이런 특별한 생물들이 어떤 계기로 인해 멸종하기 전까지 어떻게 살았는지를 알 수 있게 되었답니다.

케레시오사우루스

케레시오사우루스의 화석으로 가장 많이 알려진 것은 정말 특별했어요. 평평한 한 바위에 일곱 개의 작은 뉴스티코사우루스의 뼈와 함께 거대한 케레시오사우루스의 뼈가 같이 묻혀 있었거든요. 평화로운 한 장의 '사진'처럼 보일수도 있겠지만, 실은 선사시대의 한 '사냥의 현장'을 보는 것과 다름없었답니다. 케레시오사우루스는 포식자였고 일곱 마리의 어린 뉴스티코사우루스들은 먹잇감이었을 거예요. 이 화석은 이탈리아와 스위스 사이의 몬테 산 조르조에서 발견되었습니다. 2억 4천만 년 전인 그 당시에는 산이 아닌 바다였던 곳이었지요.

학명: *Ceresiosaurus*
크기: 길이 4m
무게: 200~300kg
계: 동물계(Animalia)
문: 척삭동물문
목: 노토사우루스목(Nothosauroidea)
과: 노토사우루스과

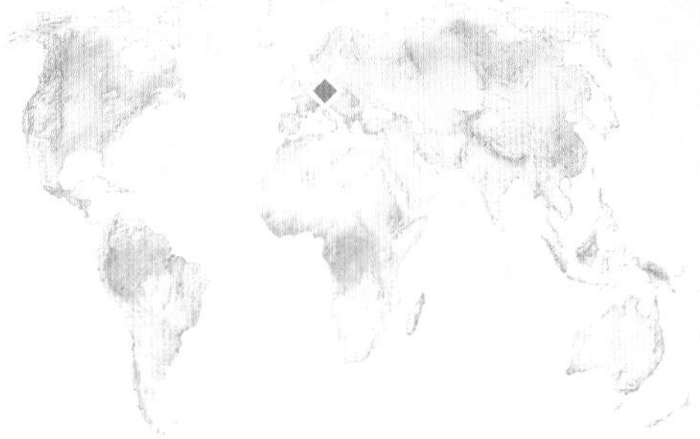

- 서식지
  이탈리아, 스위스
- 주요 화석 발견지역
  몬테 산 조르조(이탈리아)
- 생존 시대
  2억 4천만 년 전

작은 섬이나 사주가 연안 여기저기에 있었습니다. 그리고 거대한 연안석호가 만들어졌고, 그 모습은 지금의 바하마나 몰디브와 비슷했어요. 이런 곳에서 케레시오사우루스는 사냥을 하며 살았습니다. 결국 화석이 되었던 그 날은 아마도 어떤 일이 벌어졌을 것이고, 포식자와 먹잇감들이 같이 죽게 되었을 테지요. 케레시오사우루스의 몸은 결국 해저 속에서 진흙에 덮여 묻히게 되었습니다. 그리고 화석이 되어 학자들에 의해 발견되었어요.

이 거대한 바다의 도마뱀은 아주 빠른 속도로 헤엄을 치며 먹이를 찾아 다녔고,
날카로운 이빨로 먹이를 잡아먹었어요.
뒷다리는 앞다리보다 길고 훨씬 강력해 사냥에 유리한 추력이 되어주었습니다.
케레시오사우루스가 가장 좋아했던 먹이는 다른 바다 파충류들과 작은 물고기들이었어요.

노토사우루스

2억 4천만 년 전, 노토사우루스는 가장 흔한 바다의 파충류 중 하나였습니다. 날카로운 이빨로 게걸스럽게 먹이를 잡아먹는 반수생의 포식자였어요. 지금의 바다표범처럼 살았을 것으로 추정된답니다. 부분적으로만 수생에 적합한 구조였지요. 기다란 몸에 비해 짧은 다리를 가지고 있었고, 발가락 사이에 막이 있었어요. 과학자들의 말에 따르면, 이들은 종종 육지로 나왔다고 합니다. 아마도 알을 낳기 위해 육지로 나왔을 거예요. 잠시 쉬거나 더 거대한 다른 바다 포식자들을 피해 육지로 나왔을 수도 있어요.

- 서식지
  북아프리카, 유럽, 중국
- 주요 화석 발견지역
  독일
- 생존 시대
  2억 4천만 년 전

2014년 중국에서 발자국 화석이 발견되기 전까지는 노토사우루스가 어떻게 헤엄을 쳤는지 알 수 없었습니다. 발자국은 둘씩 짝지은 모습으로 찍혀 있었는데, 10~15개 정도가 길게 화석으로 남아있었어요.

발자국 사이의 공간을 통해 그들이 앞다리를 이용하여 움직였다는 것을 알게 되었고, 팔을 아래로 내린 모습으로 헤엄을 쳤을 것으로 추측하게 되었답니다. 펭귄이 좌우로 비스듬히 움직이듯이 말이에요.

THOSAURUS

학명: *Nothosaurus*
크기: 길이 4m
무게: 20~100kg
계: 동물계(Animalia)
문: 척삭동물문
목: 노토사우루스목(Nothosauroidea)
과: 노토사우루스과

이탈리아에서는 많은 노토사우루스의 화석이 발견되었습니다. 특히 베레세의 몬테 산 조르조의 베사노 지역에서 나타났어요. 수백만 년 전 이곳은 다양한 종들이 함께 서식하는 지역이었습니다. 노토사우루스과에 속하는 각기 다른 크기의 종들이 발견되었어요. 거대한 크기부터 어리고 작은 크기
까지 매우 다양했답니다.

타니스트로페우스

- 서식지
  이탈리아, 스위스 (독일의 부분)
- 주요 화석 발견지역
  베사노(이탈리아)
- 생존 시대
  2억 3천만년 전

학명: *Tanystropheus*
크기: 길이 6m
무게: 200kg
계: 동물계(Animalia)
문: 척삭동물문
목: 프로토로사우루스목(Protorosauria)
과: 타니스트로페우스과

YSTROPHEUS

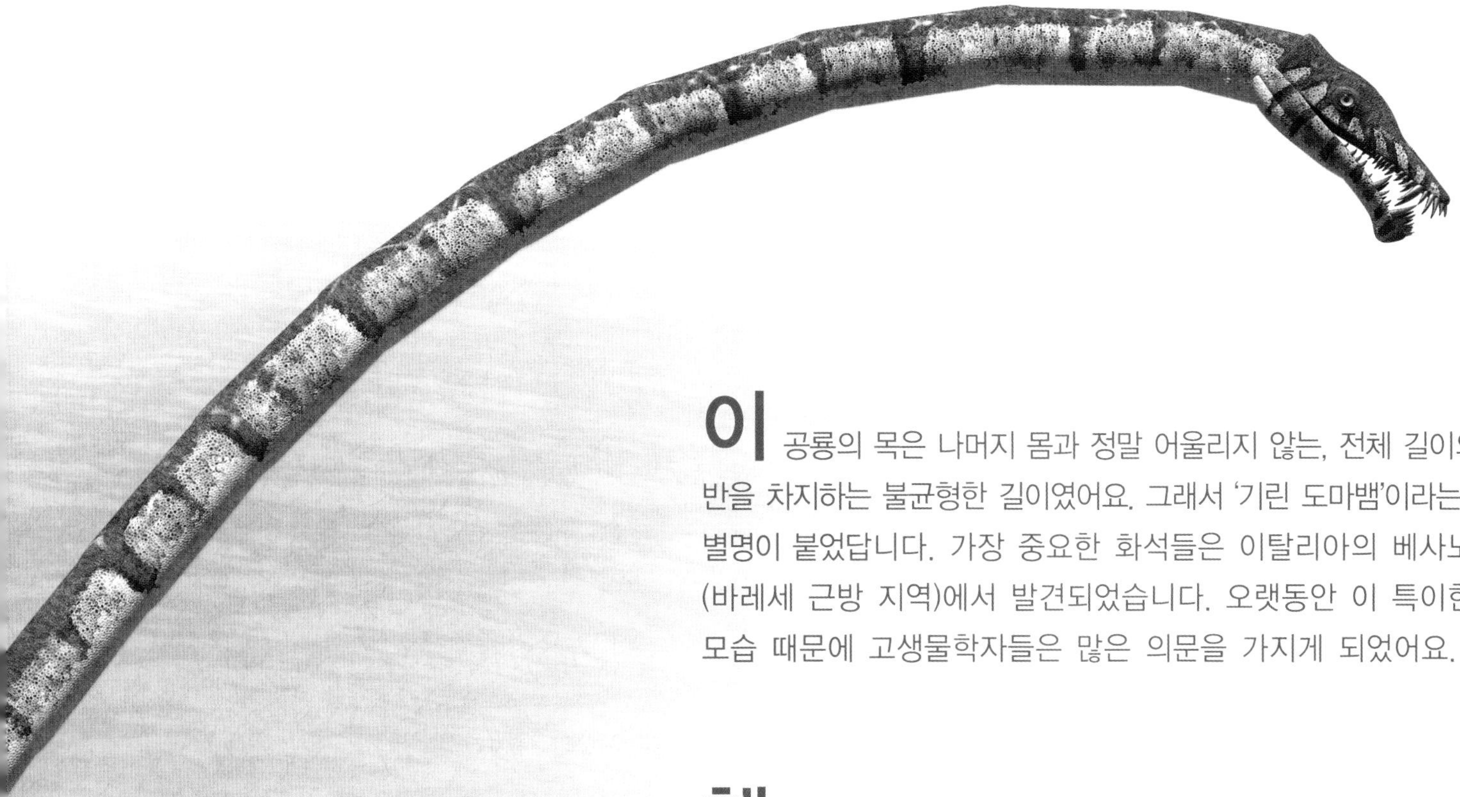

이 공룡의 목은 나머지 몸과 정말 어울리지 않는, 전체 길이의 반을 차지하는 불균형한 길이였어요. 그래서 '기린 도마뱀'이라는 별명이 붙었답니다. 가장 중요한 화석들은 이탈리아의 베사노(바레세 근방 지역)에서 발견되었습니다. 오랫동안 이 특이한 모습 때문에 고생물학자들은 많은 의문을 가지게 되었어요.

행동 특성도 알아 내기 힘들었고 수생인지 육생인지도 구분하기 어려웠지요. 최근에서야 그 질문들에 대한 답들이 나오기 시작했습니다. 학자들의 말에 따르면, 타니스트로페우스는 바다나 석호의 얕은 물에서 헤엄을 쳤고, 꼬리와 몸을 굽이치는 물결처럼 흔들며 움직였다고 합니다. 긴 뒷다리를 지느러미처럼 사용했고, 긴 목을 방향키로 삼았어요. 작은 물고기나 연체동물, 오징어, 갑각류 (스위스에서 발견된 뼈의 표본에서 위에 남은 잔해물들이 발견되었어요)를 먹으며 살았고, 작고 날카로운 이빨들이 나 있는 입으로 사냥을 했답니다. 대부분 바다에서 생활했지만, 때때로 육지로 나와 알을 낳기도 했어요.

20세기 초, 처음 타니스트로페우스 화석을 연구한 학자들은 그것을 날아다니는 파충류로 오해했습니다. 헷갈리게 만든 것은 바로 긴 뼈 때문이었는데, 당시 하늘을 나는 동물들에게 있는 비막(날개에 있는 막)에 가까운 지골(손가락뼈)처럼 보였어요. 이후 발견된 화석들을 통해서야 그 뼈들이 아주 놀라울 만큼이나 긴 목의 뼈였다는 것을 알 수 있었답니다.

헤노두스

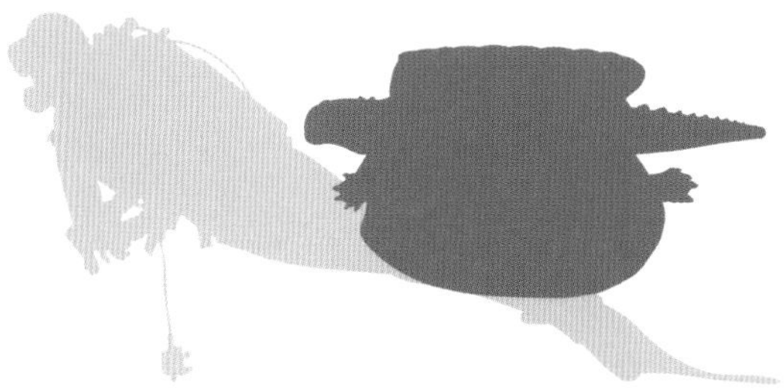

- 서식지
  유럽
- 주요 화석 발견지역
  독일
- 생존 시대
  2억 2천5백만 년 전

학명: *Henodus*
크기: 길이 1m 이상
무게: 150kg
계: 동물계(Animalia)
문: 척삭동물문
목: 판치목(Placodontia)
과: 헤노두스과

지구상에 존재했던 많은 동물들 중에 가장 이상한 모습을 가진 동물 중 하나랍니다. 아주 특이한 외형을 가지고 있어요. 머리는 납작하고 눌린 모양이었고, 몸은 길이에 비해 폭이 더 넓었어요. 그리고 거대한 판과 같은 딱딱한 껍질이 등에 달려 있어 현생의 거북과 같은 모습이었답니다. 실제로는 먼 친척에 가깝지도 않았지만 말이에요.

이 불가사의한 생물은 아직까지도 고생물학자들의 고민거리랍니다. 아직 어떻게 살았을지 정확히 모르거든요. 왜 그런 외형을 가지고 있었을까요? 특이한 두개골의 역할은 무엇이었을까요? 이 두 가지 질문이 학자들에게는 가장 풀고 싶은 문제와 같은 것이랍니다. 물론 다양한 가설은 존재합니다.

HENODUS

헤노두스는 아마도 연안의 잔잔한 물에서 살았을 거예요. 이빨이 거의 없고(이빨이 4개밖에 없었어요) 특이하게 생긴 납작한 입으로 습지 바닥의 갑각류와 함께 삼킨 진흙을 걸러내며 살았어요. 입의 구조가 수염고래(현재의 고래와 비슷한)와 유사했답니다. 물을 뱉어내고 거른 작은 먹이들을 남길 수 있었지요. 호흡을 하고 부분적으로는 양서류에 가까웠습니다. 실제로 종종 육지로 나와 쉬면서 재생의 시간을 가졌어요. 거대한 판을 업고 땅 위에서 움직이는 모습이 조금 이상했겠지만 말이에요.

헤노두스의 갑옷 판과 같은 껍질은 엄청나게 많은 골판들이 결합되어 있는 형태입니다. 딱딱한 껍질 때문에 강력한 이빨을 가진 포식자들로부터 스스로를 보호할 수 있었어요. 이 방어 전략에는 유일한 약점이 있었는데, 현생의 거북과 달리 헤노두스의 팔다리와 머리는 껍질 속으로 들어가지 않았어요. 늘 노출되어 있고 연약한 부분을 드러낼 수밖에 없었지요. 하지만 물속의 포식자들은 대부분 사지가 아닌 껍질(몸의 큰 부분을 차지하는)을 공격하기 일쑤였어요. 그래서 대부분의 경우 헤노두스는 살아남을 수 있었습니다.

플레시오사우루스

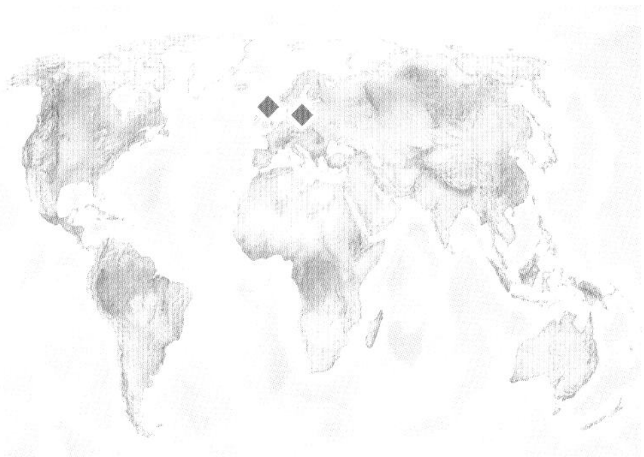

■ 서식지
북유럽 해양

■ 주요 화석 발견지역
도싯(영국), 독일

■ 생존 시대
2억 5백만 년~6천5백만 년 전

학명: *Plesiosaurus*
크기: 길이 5m, 높이 1.5m
무게: 500kg~2t
계: 동물계(Animalia)
문: 척삭동물문
목: 장경룡목(Plesiosauria)
과: 플레시오사우루스과

플레시오사우루스는 중세 시대 전설인 '바다의 용'처럼 생겼어요. 1823년 이 거대한 생물의 뼈가 발견되었을 때, 아무도 이런 형태의 동물을 본 적이 없었기에 아주 신기해했었답니다. 지질학자이자 고생물학자인 윌리엄 코니비에르는 이것을 '거북 껍질을 통과하는 뱀'의 모습이라고 표현했어요. 이후에 플레시오사우루스라는 이름이 지어졌고, '도마뱀에 가깝다'는 뜻이었답니다.

ESIOSAURUS

지금은 이 생물이 쥐라기 시대에 살았던 해양 파충류라는 것을 잘 알고 있지만, 처음 발굴된 뼈를 완전히 복원했을 때에는 습성이나 특징을 파악하기 어려웠어요. 이런 이유로, 어떻게 살았었는지에 대한 첫 번째 가설은 꽤 상상력이 많이 들어갔답니다.

어떤 학자들은 플레시오사우루스가 뱀처럼 몸을 감을 수 있었다고 했어요. 또 다른 학자들은 육지에서 걸을 수 있었다고 했답니다. 시간이 지나면서 과학자들은 더 다양하고 정확한 설명을 할 수 있게 되었어요. 플레시오사우루스는 작은 머리와 날카로운 이빨로 가득한 입, 그리고 시간이 지나면서 지느러미가 된 네 다리를 가지고 있습니다. 물속에서 날아다니듯 헤엄을 칠 수 있었어요.

플레시오사우루스

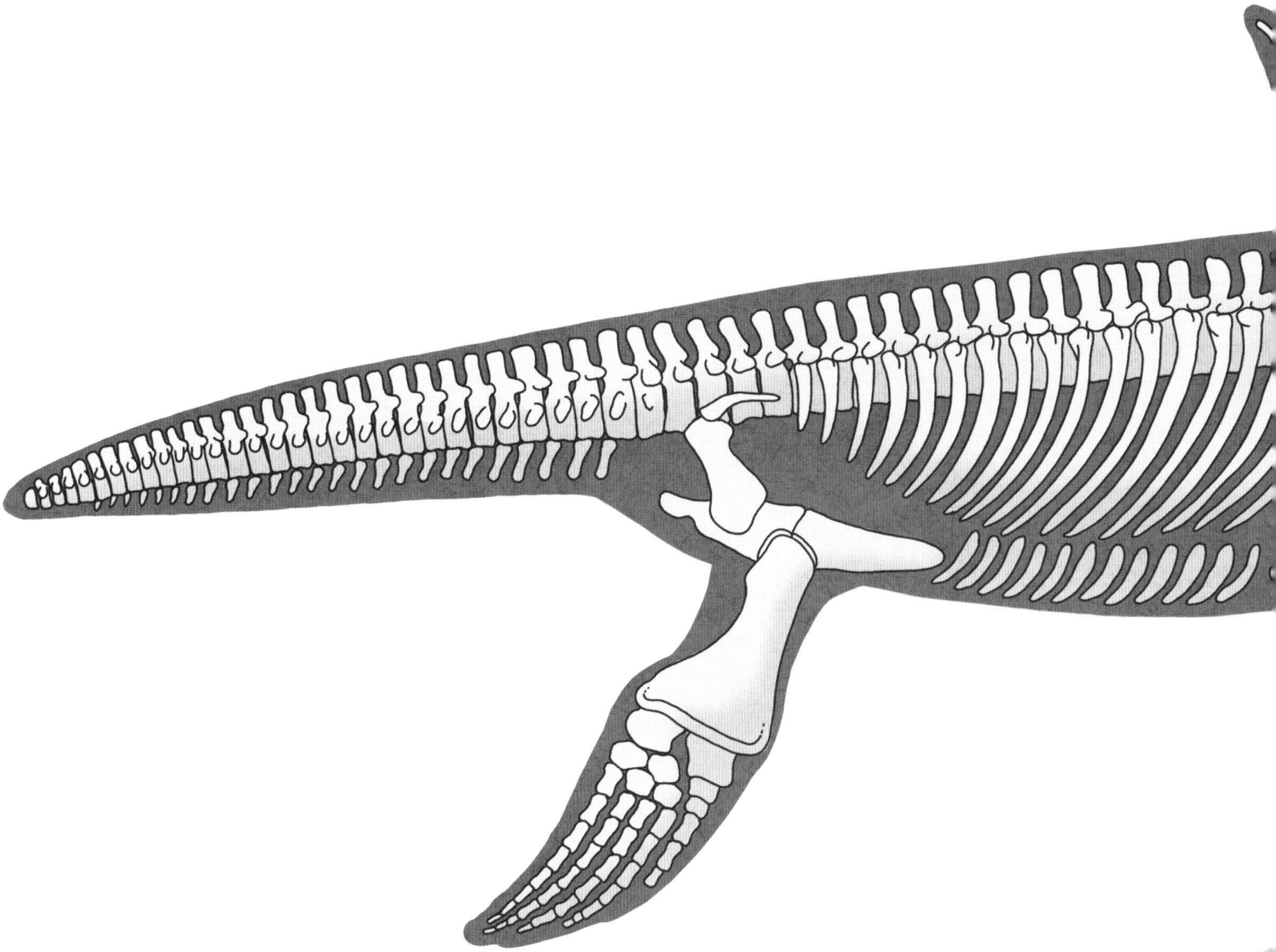

목은 길고 가느다란 형태였고, 먹잇감이 알아채지 못하게 다가가는 데에 유리했어요. 물고기나 두족류, 작은 해양 파충류들을 먹고 살았습니다. 거의 확실해진 사실은 긴 목과 몸의 크기 때문에 육지에서는 움직일 수 없었다는 것입니다. 알을 낳을 때도 말이에요. 불과 몇 년 전의 아주 놀라운 발견으로 인해 학자들은 플레시오사우루스가 태생동물이었다는 것을 알게 되었어요. 서식지인 물속에서 새끼를 낳는 동물이었던 것이지요.

1987년에 미국의 캔자스에서 발굴된 화석은 뱃속에 태아를 품고 있는 그대로 화석이 된 플레시오사우루스였답니다. 이 '선사시대 엄마'인 생물은 새끼를 낳기 전에 죽게 되어 함께 화석이 되고 말았지요.

플레시오사우루스는 사람들에게 많은 상상의 대상이 되었습니다. 어떤 사람들은 심지어 이 동물이 멸종된 것이 아니며, 여전히 인간이 닿지 않는 곳에 살고 있을 수도 있다고 해요. 이에 대한 증거로, 1934 년 스코틀랜드의 네스 호에서 찍힌 사진 속에 플레시오사우루스와 아주 흡사한 불가사의한 생물의 모습이 있었습니다.

긴 목을 물 위로 내밀고 있는 이 생물에게 현지인들은 네시라는 이름을 붙였어요. 수년간 많은 사람들이 이 호수와 근처를 탐색하며 흔적 또는 자취를 찾으려 했지만 아무것도 찾을 수 없었답니다. 이유는 간단합니다.
플레시오사우루스는 백악기 후기에 운석의 충돌로 인해 멸종했어요. 공룡의 긴 역사가 끝나버리게 된 것과 같은 이유입니다. 이제는 없는 생물이지요.

PLESIOSAURUS

리우플레우로돈

- 서식지
  유럽
- 주요 화석 발견지역
  프랑스(불로뉴쉬르메르와 캉), 영국, 러시아
- 생존 시대
  1억 6천만～1억 5천5백만년 전

학명: *Liopleurodon*
크기: 길이 7～10m
무게: 5～15t
계: 동물계(Animalia)
문: 척삭동물문
목: 장경룡목(Plesiosauria)
과: 플리오사우루스과

리우플레우로돈은 아주 포악하고 게걸스러운 포식자로, 선사시대의 해양 동물 중 가장 무시무시한 존재 중 하나였습니다. 머리 길이는 1미터 이상이었고, 입은 날카로운 뻐드렁니로 가득 차 있었어요. 이빨의 길이는 티라노사우루스 이빨의 두 배 이상이나 되는 치명적인 무기였답니다. 이크티오사우루스나 플레시오사우루스, 큰 물고기를 잡아먹었고 예민한 후각으로 10킬로미터 이상 떨어져있는 먹잇감의 냄새를 맡아 놓치지 않고 잡아먹었어요.

거대한 노 역할을 해주는 다리를 이용해 빠르게 헤엄쳐 먹잇감을 쫓았고 강력한 이빨로 큰 물고기도 순식간에 잡을 수 있었습니다.

PLEURODON

현생의 고래처럼 호흡을 위해서는 공기를 필요로 했어요. 수면 위로 올라와서 숨을 쉬어야 했지만 물을 떠나지는 않았습니다. 그래서 알을 낳을 때에도 육지로 가지 못했어요. 얼마나 거대했냐고요? 정확히는 알 수 없어요. 다양한 연구가 화석을 토대로 진행되었고 그 결과 길이가 7미터 정도였다고 파악되었었는데, 최근에 또 다른 화석이 발견되어 10미터 이상이었을 것으로 추정하고 있습니다.

2003년 멕시코의 학생들이 발견한 화석은 길이가 15미터에 이르는 거대한 파충류였습니다. 머리 길이만 해도 2.5미터나 되었지요. 이것은 '아람베리의 괴물'이라고 불렸어요. 처음에는 어린 리우플레오로돈의 화석이라고 생각했어요. 학자들은 어른이 되었을 때의 길이가 어마어마했을 것이라고 했습니다. 하지만 과학자들은 최근에 이 아람베리의 괴물이 다른 종에 속하는 것으로 결론지었어요. 아마 플리오사우루스일 것이라 여기고 있답니다.

플리오사우루스

스발바르의 북극해에서 이 공룡의 화석을 발견했을 때, 조사자들은 이것을 '프레데터 X'라고 칭했습니다. 이후 플리오사우루스 푼케이로 명명되었어요. 길이가 13미터에 이르는 플리오사우루스는 생존했던 해양 파충류 중 가장 큰 동물 중 하나였습니다. 두개골은 3미터에 이르고 뇌의 크기는 현생의 백상아리의 뇌보다 더 컸어요. 플리오사우루스의 포악함과 공격적인 성향은 훨씬 더 강했습니다.

■ 서식지
지구상의 모든 해양

■ 주요 화석 발견지역
링컨셔, 옥스퍼드 주(영국), 스발바르(노르웨이)

■ 생존 시대
1억 6천만~1억 4천만 년 전

학명: *Pliosaurus*
크기: 길이 13m
무게: 45t
계: 동물계(Animalia)
문: 척삭동물문
목: 장경룡목(Plesiosauria)
과: 플리오사우루스과

PLIOSAURUS

거대한 크기 때문에 느리게 움직였고, 많은 에너지를 소모하지 않았어요. 먹잇감을 발견할 때까지 앞 지느러미를 이용해 움직일 뿐이었습니다. 그러다가 뒷지느러미를 이용해 움직이면서 믿을 수 없을 만큼 빠른 속도로 움직여 먹잇감을 잡았어요. 30센티미터가 넘는 이빨과 거대한 턱으로 엄청나게 강한 악력(학자들에 의하면 티라노사우루스보다 4배나 더 강했다고 해요)을 발휘했답니다. 그래서 거대한 물고기도 쉽게 죽일 수 있었고 통째로 삼켜버렸습니다.

2007년, 노르웨이의 고생물학자가 스발바르에서 거대한 화석을 발굴했습니다. 그리고 그것을 '괴물'이라고 불렀어요. 발견된 화석을 보면 왜 그런 이름이 붙었는지 금방 알만큼 대단했습니다. 길이는 10~12미터였고 지느러미로 변한 다리는 적어도 3미터에 이르는 크기였지요. 하지만 이 기록은 2008년 발견된 프레데터 X에 의해 뒤로 밀려나게 됩니다. 두 종의 뼈는 스발바르의 혹한 기후 때문인지 수백 개의 조각으로 산산이 부수어진 상태였어요. 과학자들이 복원하는 데에엄청난 노력을 기울여야 했고, 그것은 아주 어려운 거대한 퍼즐과 같았답니다.

이크티오사우루스

- 서식지
  유럽, 아시아
- 주요 화석 발견지역
  라임레지스(영국), 홀츠마덴(독일)
- 생존 시대
  1억 6천만～1억만년 전

학명: *Ichthyosaurus*
크기: 길이 2～3m
무게: 1t
계: 동물계(Animalia)
문: 척삭동물문
목: 어룡목(Ichthyosauria)
과: 이크티오사우루스과

쥐라기 시대의 해양을 누비며 살았던 이크티오사우루스는 돌고래와 악어의 모습을 합한 듯한 특이한 외형을 가진 생물이었습니다. 해양 파충류 중 가장 많이 알려진 동물 중 하나이기도 하지요. 19세기 영국 여성인 메리 애닝에 의해 처음 발견되었는데, 그녀는 문자를 읽고 쓰는 데에도 서툰 하층 계급 출신이었어요. 화석을 찾아다니며 발굴하여 수집가나 라임레지스 근방으로 여행을 온 관광객들에게 팔곤 했지요. 당시 그녀가 발굴한 이 파충류 화석의 모습은 너무 특이해서 많은 학자들이 화석에 대해 의구심을 품었어요. 다른 동물들의 뼈 조각들을 모아 가짜를 만들어 냈다고 생각했답니다.

THYOSAURUS

진실은 다른 화석이 발견된 후에야 밝혀지게 되었고, 메리는 유럽에서 가장 유명한 화석 사냥꾼이 되었어요. 그 당시에 여성의 위치가 낮았기 때문에 정통 과학자들은 그녀를 인정하려 하지 않았지만 말이에요. 조사에서도 중요한 역할을 수행하지 못했답니다. 이크티오사우루스는 크기가 2미터 정도인, 아주 거대한 파충류는 아닌 해양 동물이었습니다. 아가미 호흡을 할 수 없어 수면 위로 올라와 호흡을 해야만 했고, 기술이 뛰어난 사냥꾼이었으며, 유체 역학적인 구조 덕분에 시속 50킬로미터의 속도로 헤엄을 칠 수 있었어요. 물고기와 갑각류를 잡아먹었고 특히 포일도포러스 (현생의 청어와 비슷한)와 벨렘나이트 (오징어의 먼 친척)를 주로 사냥했습니다. 이런 것들을 먹었다는 것을 어떻게 알았을까요? 과학자들이 이크티오사우루스의 화석을 연구하면서 똥의 화석에 남은 이들의 흔적을 발견했기 때문이랍니다.

처음에는 이크티오사우르스가 알을 낳았다고 생각했어요. 하지만 이후 수많은 발견이 계속되면서 다른 결론을 내리게 되었습니다. 독일 홀츠마덴에서 발견된 화석은 암컷 이크티오사우루스의 뼈였는데, 태아가 뱃속에 있는 채로 화석이 된 상대였이요. 심지어 막 새끼를 낳으려던 참이었지요. 그래서 그들이 파충류였음에도 불구하고, 알이 아닌 새끼를 낳는 동물이었음을 알게 되었습니다. 이미 완성된 형태의 새끼를 얕은 물에서 낳았던 것이지요.

틸로사우루스

- 서식지
  북미
- 주요 화석 발견지역
  캔자스(미국)
- 생존 시대
  8천5백만～7천3백만 년 전

학명: *Tylosaurus*
크기: 길이 14m 이상
무게: 10t
계: 동물계(Animalia)
문: 척삭동물문
목: 뱀목(Squamata)
과: 모사사우루스과

틸로사우루스 화석 중 어떤 것의 위 속에는 거대한 물고기, 플레시오사우루스, 모사사우루스, 상어, 대왕오징어의 잔해가 남아있었습니다. 이런 증거들은 틸로사우루스가 얼마나 공격적이었고 강한 동물이었는지를 알려줍니다.

버스만한 몸집의 이 공룡은 바다의 티라노사우루스 렉스였어요. 그 모습은 아주 확실한 형태였습니다.

YLOSAURUS

기다란 코가 부리 모양의 입과 연결되어 있고 먹잇감은 산산조각 낼 만큼 악력이 강했습니다. 고대 로마의 배가 적의 배를 부수듯 먹이를 사냥했어요. 노 모양의 다리와 수직으로 납작한 긴 꼬리 덕분에 훌륭한 헤엄 실력을 가지고 있어 거대한 몸집에 비해 엄청난 힘과 속도로 바다를 누비고 다녔습니다.

먹잇감을 찾기 위해 심해 깊은 곳으로 들어가기도 했어요. 하지만 틸로사우루스의 화석에서 감압으로 인한 병의 흔적을 찾을 수 있었는데, 그것은 바로 이들이 극한 환경에서의 사냥과는 적합하지 않았다는 것을 알려주는 증거 였습니다. 얕은 연안에서 주로 활동하는 해양 생물이었던 것이지요. 서식지 덕분에 틸로사우루스는 때로 초식공룡을 공격하기도 했어요. 물속에 머리를 집어넣은 하드로사우루스를 공격한 거예요. 고생물학자들은 하드로사우루스의 뼈에서 해양 생물인 틸로사우루스의 이빨 자국을 발견했답니다. 하드로사우루스가 살았을지 죽었을지 알 수는 없었지만, 틸로사우루스가 그 어떤 공룡도 두려워하지 않고 공격했다는 것은 분명해 보입니다.

엘라스모사우루스

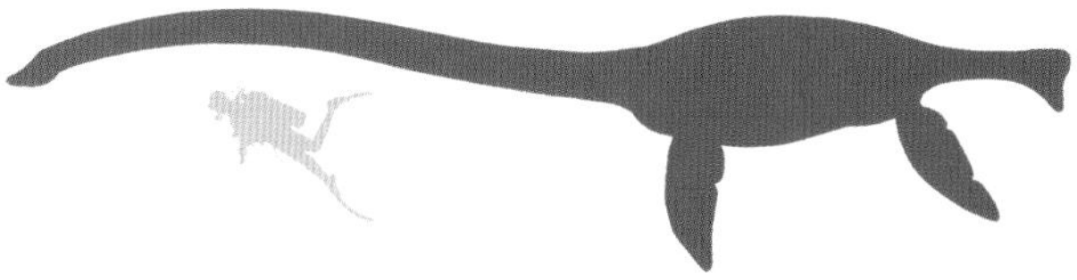

- 서식지
  북미
- 주요 화석 발견지역
  캔자스(미국)
- 생존 시대
  8천만 년 전

학명: *Elasmosaurus*
크기: 길이 14~15m
무게: 2~3t
계: 동물계(Animalia)
문: 척삭동물문
목: 장경룡목(Plesiosauria)
과: 엘라스모사우루스과

엘라스모사우루스는 가장 먼저 발견된 해양 파충류들 중 하나입니다. 굉장히 특이한 모습을 가진 이 공룡은 1869년 뼈를 맞추고 복원하던 고생물학자들을 헷갈리게 만들었어요. 처음에는 머리를 목이 아닌 꼬리 끝에 맞추었거든요. 어떤 생물이 목이 그렇게나 길 수 있을지, 당시에는 상상하기조차 힘든 일이었답니다. 71개나 되는 등골뼈로 이루어진 목이었어요 (꼬리는 18개에 불과했답니다).

긴 목은 거추장스럽고 너무 무거워서 수면 위로 반듯하게 세워 올릴 수 없었어요. 근육 조직도 강한 편이 아니었답니다. 코와 입만을 물 밖으로 내밀어 숨을 쉬는 것에 만족해야만 했어요. 파충류였기 때문에 아가미가 없어 반복해서 물 밖으로 나와 호흡을 해야만 했고, 호흡을 가다듬은 후 사냥을 하러 다시 물속으로 들어가곤 했답니다.

SMOSAURUS

수면 위의 호흡 없이, 무호흡 상태로 얼마나 버틸 수 있었을까요? 정확히는 알 수 없지만 추측을 해 봅니다. 크기와 용량이 비교적 큰 폐를 통해 미루어 짐작해보면, 물속에서 15분 정도는 무호흡 상태로도 버틸 수 있었을 것으로 보여요. 물론 그 후로는 다시 나와 산소 공급을 해야 했지요. 심지어 헤엄을 잘 치지도 못했어요. 느리게 헤엄치며 지느러미가 된 네 다리를 밀며 움직였어요. 마치 거북이 헤엄치는 모습과 비슷했답니다. 하지만 그럼에도 불구하고 바다는 그들의 세상이었어요.
매복을 했다가 공격하는 전략은 아주 치명적이었답니다.

학자들에 따르면 엘라스모사우루스는 헤엄 실력이 좋지 않았기 때문에 먹이를 잡기 위해 전략이나 기술을 사용했다고 합니다.
큰 크기임에도 잘 숨는 실력을 갖추고 있었지요. 바닥에서 납작하게 엎드린 모양으로 움직이다 올라오며 먹이를 잡았어요. 어두운 심해에서는 잘 보이지않아 먹잇감들은 알아채지 못했고, 반면에 엘라스모사우루스는 수면에서 내려오는 빛에 비치는 먹잇감들의 실루엣을 잘 볼 수 있었어요. 긴 목을 조용히 움직여 다가간 후에 갑자기 먹잇감을 감아 잡았기 때문에 자신보다 더 빠른 물고기들도 쉽게 잡을 수 있었답니다.

모사사우루스

■ 서식지
유럽, 북미

■ 주요 화석 발견지역
세인트 피터 산(네덜란드), 미국

■ 생존 시대
7천만～6천5백만 년 전

학명: *Mosasaurus*
크기: 길이 14m
무게: 5t
계: 동물계(Animalia)
문: 척삭동물문
목: 뱀목(Squamata)
과: 모사사우루스과

영화 「쥐라기 월드」에서는 과학의 힘으로 선사 시대의 파충류들이 다시 살아나 테마 파크에서 사람들이 구경할 수 있도록 만든 장면들이 나옵니다. 그 중 인상적인 한 장면은 모사사우루스가 거대한 수영장에서 높은 곳에 매달려 있는 상어를 향해 뛰어 올라 한 입에 상어를 삼켜버리는 장면이었어요.

사람들은 무시무시한 그 모습에 깜짝 놀라지요. 할리우드의 영화에서 묘사된 것과 다르지 않게, 모사사우루스는 실제로도 무시무시한 포식자 였어요. 기다란 턱은 현생의 악어와 닮았고, 몸은 비늘로 덮여 있었습니다. 2009년 요르단에서 발견된 표본에서 피부 화석이 포함된 화석을 찾았기 때문에 알 수 있었던 사실이에요.

MOSASAURUS

길이가 14미터에 이르는 거대한 모사사우루스는 포악하고 공격적이었어요. 큰 해양 생물 뿐 아니라 같은 종의 생물도 닥치는 대로 잡아먹었답니다. 지느러미로 변한 다리와 납작한 꼬리 덕분에 헤엄을 잘 칠 수 있었지만, 물고기나 암모나이트, 두족류를 기다리며 잠복했다가 사냥하는 방법을 주로 사용했어요. 심해는 어두워 잘 보이지 않았고, 숨어있기에 적합했으며, 먹잇감을 찾으면 아주 빠르게 움직여 잡을 수 있었기에 빠져나갈 수 있는 생물은 거의 없었습니다.

스웨덴과 미국의 학자들이 최근 연구한 바에 따르면, 화석이 된 피부 조각은 잘 보존이 되어 있어 모사사우루스의 피부색이 어두웠다는 것을 알 수 있었다고 합니다. 이것은 수면 위로 올라와 햇빛을 받으며 체온을 높일 때, 더 빠르고 더 높게 올릴 수 있었고

아주 차가운 바다 속에서도 버티며 잘 살 수 있는 조건이 되어주었습니다. 어두운 바다 속에서 다른 해양 생물들의 눈에 잘 보이지 않는 색이기도 했지요. 사냥꾼이 되기에 아주 훌륭한 신체적 조건을 가지고 있었습니다.

공룡 찾아보기

저자 소개

로망 가르시아 모라 *Roman Garcia Mora*
어린 시절부터 미술과 과학에 흥미가 많았고 대학에서 생물학을 전공했습니다. 생물학 학위를 이수한 후 그는 가장 관심 있는 두 분야를 합한 일을 하고 싶었고, 과학 일러스트에 특화된 일러스트레이터가 되었습니다. 특히 고생물 복원, 그중에서도 공룡을 그리는 일에 헌신적인 노력을 기울였고, 이 분야에서 세계적인 상을 여러 번 수상하게 되었습니다. 「PM 빌데 쿠오」와 같은 과학 저널 또는 다양한 출판사들과 협업을 해왔고, 과학 책의 삽화가로 활동하고 있습니다. 스페인의 몇몇 협회나 학회와 관련된 연구원들과도 협업하며 여전히 꿈을 이루어가는 중입니다.

지우세페 브릴란테 *Giuseppe Brillante*
유능한 저널리스트로, 「BBC 사이언스」와 「BBC 히스토리」의 이탈리아 판 작업을 하고 있습니다. 과학과 자연에 관련한 기사 또는 글을 많이 써왔고, 신문 기사도 쓰고 있습니다. 고생물학 분야에서도 종종 협업을 하고 있으며, 많은 글을 썼고, 「이탈리아의 공룡들」이라는 책을 집필했습니다.

안나 세사 *Anna Cessa*
고생물학에 엄청난 관심과 열정을 쏟는 작가로 과학과 자연 관련 서적 집필에 공동저자로 참여하고 있습니다. 「BBC 히스토리」와 협업하여 일을 하고 있으며, 수년간 관련 분야에서 교사로 일을 해왔습니다.

번역 김지연
한국외국어대학교 졸업 후 다년 간 외서를 국내에 소개하는 일을 했습니다. 현재는 국내외 저작권을 중개 관리하는 팝 에이전시와 번역 그룹 팝 프로젝트의 대표를 맡고 있습니다. 두 아들의 엄마로, 아이들에게 꿈과 희망을 주는 책을 찾고 우리말로 옮기며 활발히 활동하고 있습니다. 역서로는 「반달곰」, 「나무가 아파요」, 「컨버터블 플레이북 시리즈」, 「행복한 아이 세상 시리즈」, 「옥스퍼드 리딩 전집」, 「양심 팬티」, 「미어캣을 찾아라」, 「바람의 눈을 보았니」, 「카펫 소년의 선물」, 「아틀라스 세계 여행」, 「월요일은 빨래하는 날」 외 다수가 있습니다.

지구상의 가장 거대한 공룡 대발견!

트라이어스기 쥐라기 백악기

공룡대백과

초판 1쇄 인쇄 2023년 06월 20일
초판 1쇄 발행 2023년 06월 10일

일러스트 | 로망 가르시아 모라
집　　필 | 지우세페 브릴란테, 안나 세사
번　　역 | 김지연

발 행 인 | 손호성
펴 낸 곳 | 봄봄스쿨

디 자 인 | 박지선
영　　업 | 손승현

출력인쇄 | 신화프린팅

등　　록 | 제 300-2017-124호
주　　소 | 서울시 서대문구 봉원사길 6 화인빌딩 5층
전　　화 | 070.7535.2958
팩　　스 | 0505.220.2958
e-mail | argo9@argo9.com
Home page | http://www.argo9.com
도서구매정보 | www.argo9.com

ISBN 979-11-5895-175-7 13490

※ 값은 책표지에 표시되어 있습니다.
※ 〈봄봄스쿨〉은 아르고나인 미디어그룹의 출판브랜드입니다..

봄봄스쿨의
다양한 책을
argo9.com에서
만나보세요.

WS Kids
WHITE STAR KIDS

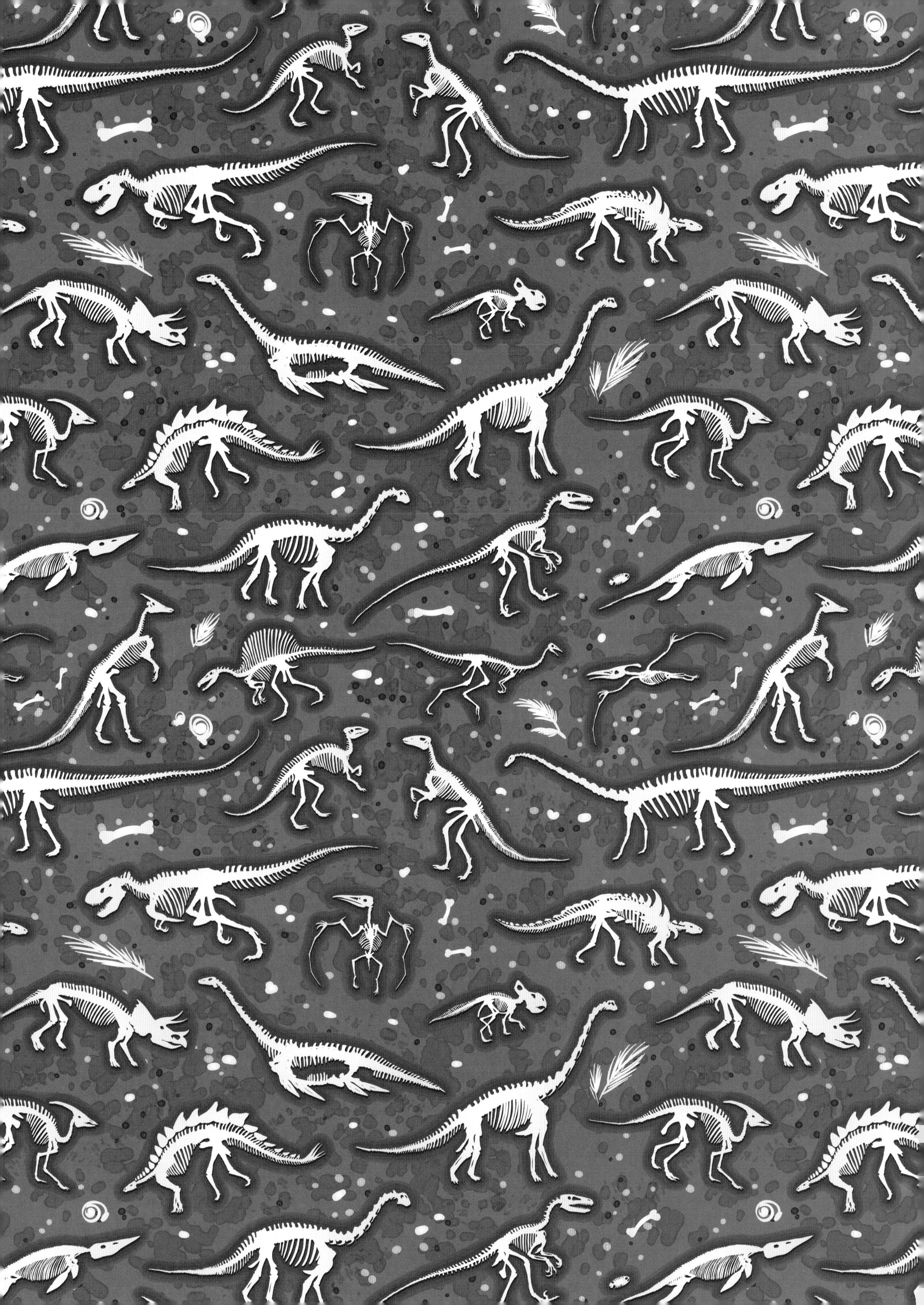

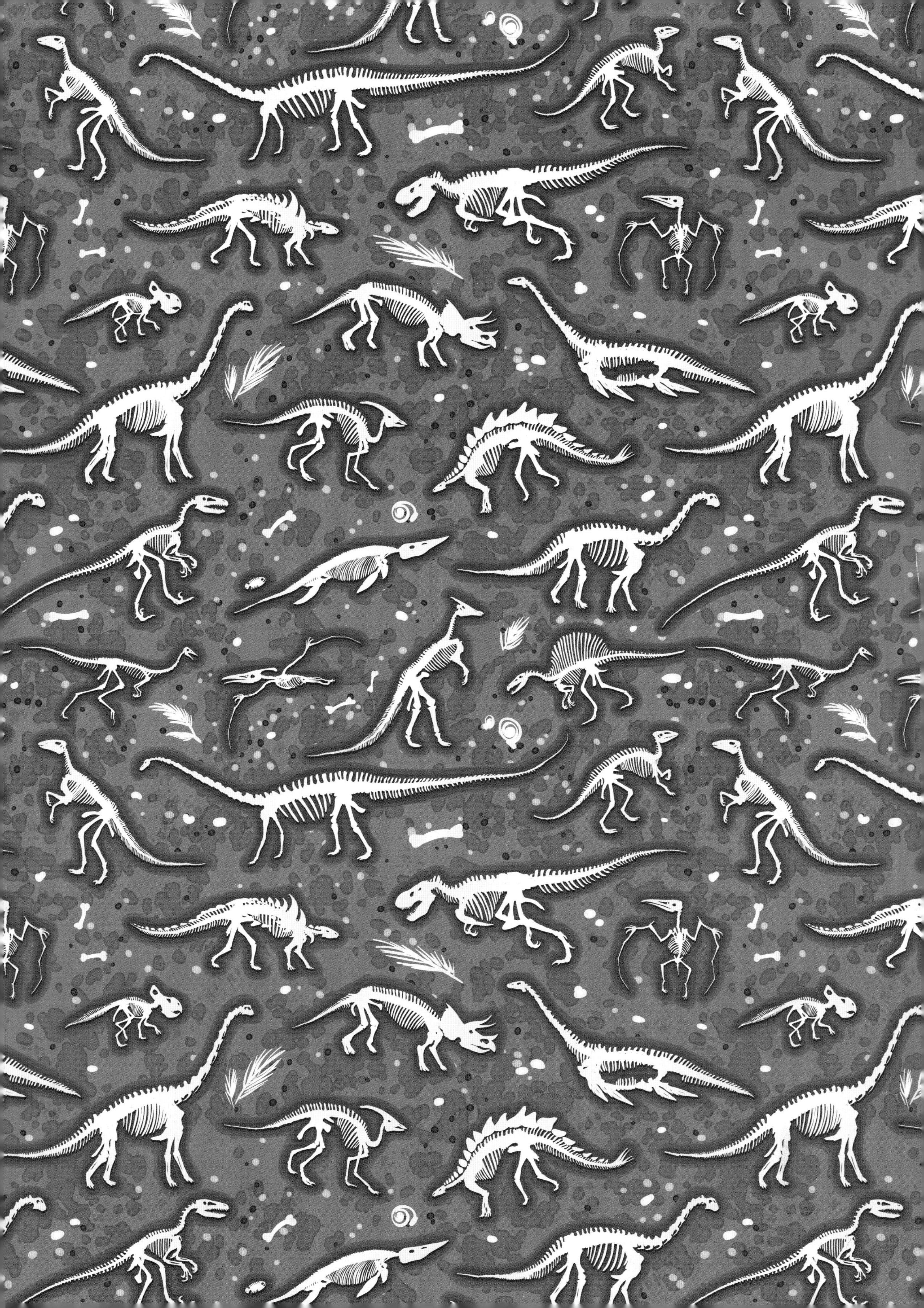